建筑师如是说

[日] 无限知识《住宅》编辑部 编
覃力 译

中国建筑工业出版社

丛书序

在建工社一直从事日文版图书引进出版工作的刘文昕编辑，十余年来与日本出版界和建筑界频繁交往，积累了不少人脉，手头也慢慢攒了些日本多家出版社出版的好书。因此，想确定一个框架，出版一套看起来少点儿陈腐气、多点儿新意的丛书，再三找我商议。感铭于他的执着和尚存的理想，于是答应帮忙，组织了几个爱书的学者、建筑师，借助他们的学识和眼光，一来讨论选书的原则，二来与平面设计师一道，确定适合这套图书的整体设计风格。

这套丛书的作者可谓形形色色，但都是博识渊深、敏瞻睿哲的大家。既有20世纪80年代因《街道的美学》《外部空间设计》两部名著，为中国建筑界所熟知的芦原义信，又有著名建筑史家铃木博之、建筑批评家布野修司，当然，还有一批早已在建筑世界扬名立万的建筑师：内藤广、原广司、山本理显、安藤忠雄……

这些著作的文本内容，大多笔调轻松，文字畅达，普通人读来，也毫无违碍之感，脱去了专业书籍一贯高深莫测的精英色彩。建筑既然与每一个人的日常生活息息相关，那么，用平实的语言，去解读城市、建筑，阐释自己的建筑观，让普通人感受建筑的空间之美、形式之美，进而构筑、设计美的生活，这应该是建筑师、理论家的一种社会责任吧。

回想起来，我们对于日本建筑，其实并不陌生，在20世纪八九十年代，通过杂志、书籍等媒介的译介流布，早已耳熟能详了。不过，那时的我们，似乎又仅限于对作品的关注。可是，如果对作品背后的建筑师付之阙如，那样了解的作品总归失之粗浅。有鉴于此，这套丛书，我们尽可能选入一些有关建筑师成长经历的著作，不仅仅是励志，更在于告诉读者，尤其是青年学生，建筑师这个职业，需要具备怎样的素养，才能最终达成自己的理想。

羊年春节，腰缠万贯的中国游客在日本疯狂抢购，竟然导致马桶盖一类的普通商品断了货，着实让日本商家莫名惊诧了一番。这则新闻，转至国内，迅速占据了各大网站的头条，一时成了人们茶余饭后的谈资。虽然中国游客青睐的日本制造，国内市场并不短缺，质量也不见得那么不堪，但是，对于告别了物质匮乏，进入丰饶时代不久的部分国人来说，对好用、好看，即好设计的渴望，已成为选择商品的重要砝码。

这样的现象，值得深思。在日本制造的背后，如果没有一个强大的设计文化和设计思维所引领的制造业系统，很难设想，可以生产出与欧美相比也不遑多让的优秀产品。

建筑亦如是。为何日本现代建筑呈现出独特的性格，为何日本建筑师屡获普利兹克奖？日本建筑师如何思考传统与现代，又如何从日常生活中获得对建筑本质的认知？这套丛书将努力收入解码建筑师设计思维、剖析作品背后文化和美学因素的那些著作，因为，我们觉得，知其然，更当知其所以然！

黄居正

2015年5月5日

前言

差不多10年前,即将迎来21世纪,出版社的名称改了,由“建筑知识”改为“X知识”(X-Knowledge，无限知识)。所谓X-Knowledge，就是出版社希望从“建筑”领域的知识，拓展到X种领域知识的意思。为了跟上时代，出版社说服公司上下，精心策划出版了一本全新的杂志，于是这本叫作《X-Knowledge HOME》的杂志创刊了。

本书就是从无限知识《住宅》(X-Knowledge HOME)杂志刊登的“建筑师的观点看法”中精选出来的，虽然杂志持续连载了不到两年，但是全部23期的内容，基本上网罗了活跃在20世纪的建筑大师。

21世纪的建筑到底是什么样，还不是马上能说清楚的事情。但是，正是因为如此，我们才很有必要先了解一下20世纪的建筑是什么样的。

20世纪的建筑,也可以称作“住宅”的时代。伴随着产业革命带来的贫困居住空间,以及恶劣的城市生活环境等各种社会问题，20世纪初的建筑师，从建筑的角度对这些问题作出了解答。

也有为数不少的建筑师认为，这是一个改变了世界的时代。

所以这本杂志才取名“住宅”(HOME)。

日本这个欧亚边境岛国孕育出来的居住文化是什么？现代日本的居住空间、居住文化又是什么样的呢?

通过了解世界各地不同国家的文化，以及现代建筑大师的作品和理念，我们可以从中看到，现代建筑师的观念、意识的相互交流。

本书即是沿着这一想法来组织内容的。

建筑是什么?

建筑师是怎样考虑设计建筑的?

怎样解读著名的建筑?

学习用什么样的方法，通过建筑去认识居住、艺术、城市，以及如何去探求人类的未来。

同时，还可以通过海外建筑师的视点，来了解日本文化的真谛。

20世纪的建筑，在海外被称作“国际式”，在日本则被称为“现代主义”。

这种建筑，不仅仅是由一栋建筑的内部分割成的小房间，并且这些小空间尽最大的可能连续化、一体化，在外墙开大窗，内外都强调水平方向的视觉效果。建筑形态多采用节约、合理的方形，开设通长大窗，以具有很高的流动性、通透性的空间为特征，在世界各地，都可以看到用同样方法建造的建筑。

赖特、柯布西耶、密斯是现代主义建筑的三位大师，再加上格罗皮乌斯，被称为“四大巨匠”。

现代主义，始于1919年德国的一所只有100多个学生、规模很小的艺术学校——包豪斯。包豪斯的第一任校长是格罗皮乌斯，第三任校长是被纳粹追捕的密斯。

源自赖特和包豪斯的欧洲建筑运动，给密斯和柯布西耶的作品以很大的影响。1910年，赖特因逃避恋爱，在柏林出版了作品集。作品集中刊登了没有门，而只设有“屏”之类的内部空间，建筑内外均呈现出水平开放的流动空间的几个建筑。这些就是被后世称为“有机建筑”的作品。

不可思议的是，这种空间特征正是日本传统建筑的特征。芝加哥博览会的日本馆——凤凰殿、日光的东照宫，以及日本各地著名的传统建筑，都具有这一特征。

地处边缘的岛国产生的日本建筑，却变成了20世纪建筑运动的滥觞。

以几位建筑师和100余名学生为原动力的20世纪现代建筑运动，顺应了人类社会发展的需要，从而演变为“拥有改变世界的力量”的建筑大潮，“伟大的观念必然要与人生相契合”。

即便到了21世纪，我也相信这些是不会改变的。

X-Knowledge HOME 总编辑

泽井圣一

目录

丛书序 002

前言 004

什么是建筑

什么是住宅

什么是城市

什么是艺术

什么是教育

什么是人类

插画　中山繁信

什么是日本

什么是建筑

直立的木头

安东尼奥·高迪

我还是学生的时候，对具体的形态非常关心。便问：我很想知道其原型是什么样子（他用手指着工作室正面立着的天主教十字架说）？是直立的木头。

寻求功能必然要顺其自然。

简历

安东尼奥·高迪（Antonio Gaudi，1852—1926），西班牙具有代表性的建筑师。详见 254 页。

出处

《X-Knowledge HOME》第 5 期，2002 年 5 月，29-33 页。“安东尼奥·高迪的一句名言”，范·巴塞克

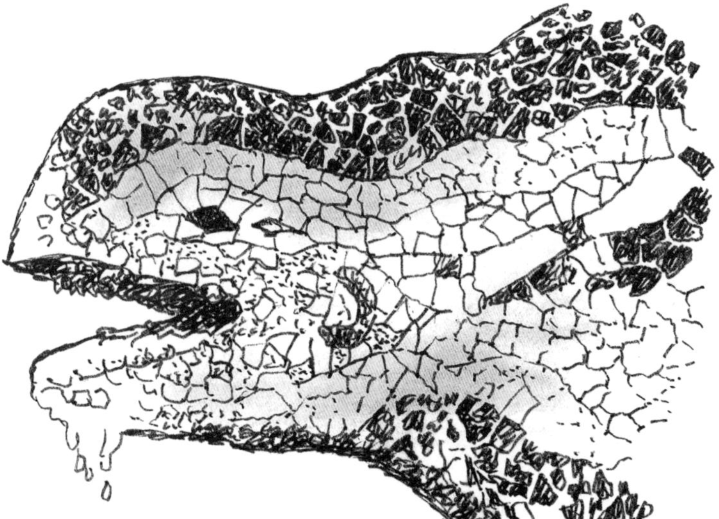

库埃尔公园／安东尼奥·高迪

新空间的创造

吉阪隆正

下雨的时候，
用一枚芭蕉叶顶在头上，
便形成一个不会淋到雨的空间。
芭蕉叶被雨打湿后会变得更绿，
我们还可以听到滴答滴答的雨声。
此光、此影、此音下面的人，淋不到雨。
如果顶着芭蕉叶行走的话，叶子就会摇摆起来，
随着叶子的摇晃，叶面上的水会滴落下来，就像下雨一样。

这样就创造了一个恐怕用其他方法所无法创造的新空间。叶子可以变为伞，伞也可以变为屋顶，屋顶可以转换成住宅，继续下去的话，还可以形成各种公共场所。

简历

吉阪隆正（1917—1980），建筑师，师从柯布西耶。曾任日本建筑学会会长，1963 年获日本建筑学会建筑作品奖。详见 264 页。

出处

《吉阪隆正集》第 7 卷，《建筑的构思》，1986 年 12 月，100 页，劲草书房出版

建筑起源于实用

藤森照信

建筑并非起源于精神、文化和宗教的需要，而是源于实用，就像吉阪隆正所讲的，是遮风避雨的实际需要。以我们常常提到的民居为例，土台、架空的地板、墙壁、窗户、柱子、顶棚、屋顶等各个部分，都会受到气候风土、雨、风、日照、温度、湿度等的影响。而气候风土中影响最大的因素，在建筑上反映最为明显的，毫无疑问就是雨和屋顶了。降雨量越大，屋顶越陡。

如果用『自然』一词替代气候风土的话，自然是一滴滴雨水的凝聚，屋顶则代表建筑承受着一滴滴的雨水。屋顶是与自然的接触点，屋顶中浸没着自然。

简历

藤森照信（1946— ），建筑史学家、建筑师。工学院大学教授，东京大学名誉教授。1998 年获日本建筑学会论文奖，2001 年获日本建筑学会建筑作品奖。详见 262 页。

出处

《X-Knowledge HOME》特辑第 7 期，2006 年 8 月，84 页“藤森照信问答——15 个问题”

绿色覆盖

F.汉德尔特瓦萨

人类一直坚持居住在大地之上，所以，应该尽可能地把建筑的屋顶覆盖上绿色。

简历

F. 汉德尔特瓦萨（Friedensreich Hundertwasser，1928—2000），澳大利亚画家、建筑思想家。详见 263 页。

出处

《X-Knowledge HOME》第 16 期，2003 年 6 月，21 页“建筑可以自由”

20世纪的建筑

藤森照信

20 世纪的建筑，是国际式建筑居于主导地位的建筑，其思想根植于科学技术的发展进步。科学技术是没有国籍的，自然也就谈不上文化性、地域性和个人的特殊性。科学技术最根本的支撑点是数学，而基于数学的科学技术所孕育出来的人，比如数学家，如果头脑中充满着地域的概念的话，那就可能什么大事都做不成。所以搞出来的成果，必然是国际化的、无色透明的。

以包豪斯为代表的 20 世纪无色透明的现代主义表现方法，也是那种数学的、无色透明的表现。

简历

藤森照信（1946— ），建筑史学家、建筑师。工学院大学教授，东京大学名誉教授。1998 年获日本建筑学会论文奖，2001 年获日本建筑学会建筑作品奖。详见 262 页。

出处

《X-Knowledge HOME》特辑第 7 期，2006 年 8 月，19 页“藤森照信问答——15 个问题”

注释

国际式：世界各地共通的建筑形式。

包豪斯：德国 1919 年创建的美术学校。国际式现代主义建筑诞生于此。

现代主义：建筑空间之间的隔墙尽可能地打开，使空间一体化，建筑内外开设大玻璃窗，强调视觉效果的建筑设计方法。

人类的建筑历史

藤森照信

与 20 世纪相对，原始时期也存在着国际式，但这种国际式并不是无色透明的。这也是我非常关心的。美国印第安人用泥土建造的住宅，与非洲用泥土建造的住宅何其相似，日本的草顶民居也与欧洲的草顶民居非常相像。

各国各个地区的民居，如果向上追溯的话，最初的形象都趋向于圆形的平面和圆锥形的屋顶。

人类的建筑历史，或许也可以说，是从圆形向方形发展，从有色不透明的国际式向无色透明的国际式发展的历史。

出处

《X-Knowledge HOME》特辑第 7 期，2006 年 8 月，19 页“藤森照信问答——15 个问题”

印第安人的生土民居[上] 非洲的生土民居[下]

日本的草顶民居［上］ 欧洲的草顶民居［下］

现代建筑没有时间因素

内藤广

单独审视现代主义、现代建筑运动的话，不会涉及时间的概念。『如果不考虑时间的话，人们的生活会更加自由，建筑的形式也会更加多样化。』

简历

内藤广（1950— ），建筑师，东京大学研究生院教授。1993 年获日本建筑学会建筑作品奖，详见 260 页。

出处

《X-Knowledge HOME》第 4 期，2002 年 4 月，49 页“治愈导致废墟的疾病”（访谈）

建筑是有生命的

内藤广

钢铁直接暴露在外面的话，一年左右便会生锈。木材也一样，一个多月可能就会腐朽。但是，用钢铁和木材组合建造的建筑，却可以维持一二百年。

如果就这种物理现象而论，建筑设计也可以说是一种时间的设计，建筑物也可以被看作一种生命体。

出处

《X-Knowledge HOME》第4期，2002年4月，49页“治愈导致废墟的疾病”（访谈）

建筑应该什么样

密斯·凡·德·罗

我一生都在思考，建筑到底应该什么样？我们这个时代应该设计、建造什么样的建筑？

我认为，明快的结构对建筑非常重要。我已经属于上岁数的人了，对不能很好理解的事情是不做的。我认为，结构是有其内在逻辑的。利用结构去实现设计，同时，也利用结构去表现设计，才是最好的方法。

我对用建筑去表达某种情感是抱有疑问的，我不相信这种说法，这种表现能够持续长久吗？

简历

密斯·凡·德·罗（Mies van der Rohe，1886—1969），出生于德国的建筑师。20 世纪建筑界三大巨匠之一，包豪斯最后一任校长。详见 266 页。

出处

《X-Knowledge HOME》第 17 期，2003 年 7 月，79 页“密斯语录——建筑是什么”

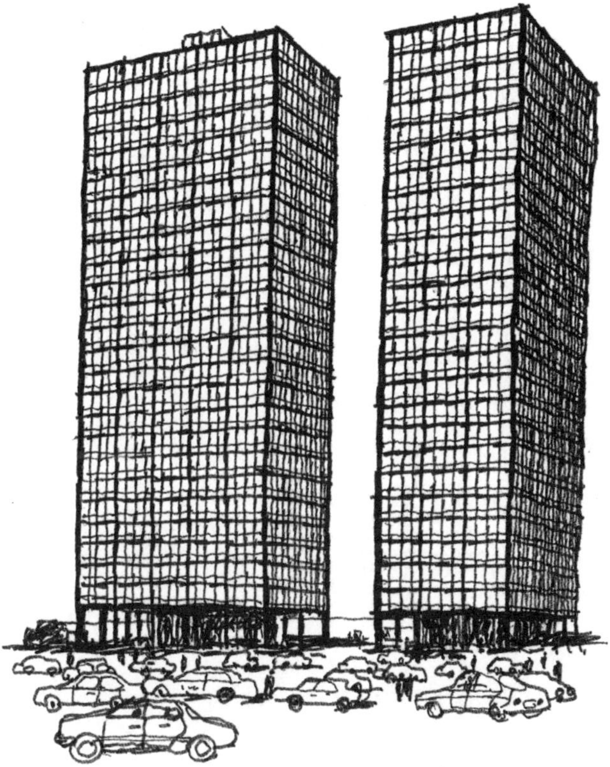

芝加哥湖滨路公寓／密斯·凡·德·罗

包含人类感受的空间

香山寿夫

路易斯·康的建筑思想，包含着很强的感受性的东西，我认为，沉静、安定的空间是他建筑创作的初衷。其实，这也是建筑最根本的东西，但是，我们却常常把它们忘记。究其原因，可能是因为现代主义建筑中缺少这种氛围。

在空间的实际创作中，一般都会考虑使用墙壁和屋顶组织空间。但是，康认为这还不够，因为墙壁和屋顶包含着人的感受，所以必须在设计中考虑这些东西。具体应该怎样做呢？首先就要考虑空间给人的感受，是一种什么样的空间效果。是光！光线的变化会产生完全不同的感觉，因此，应该从创造光影效果的角度来考虑墙壁和屋顶的设计。

简历

香山寿夫（1937— ），建筑师，东京大学名誉教授，师从路易斯·康。1996 年获日本建筑学会建筑作品奖。详见 258 页。

出处

《X-Knowledge HOME》第 23 期，2004 年 1 月，23 页“第四位建筑大师——路易斯·康”/香山寿夫

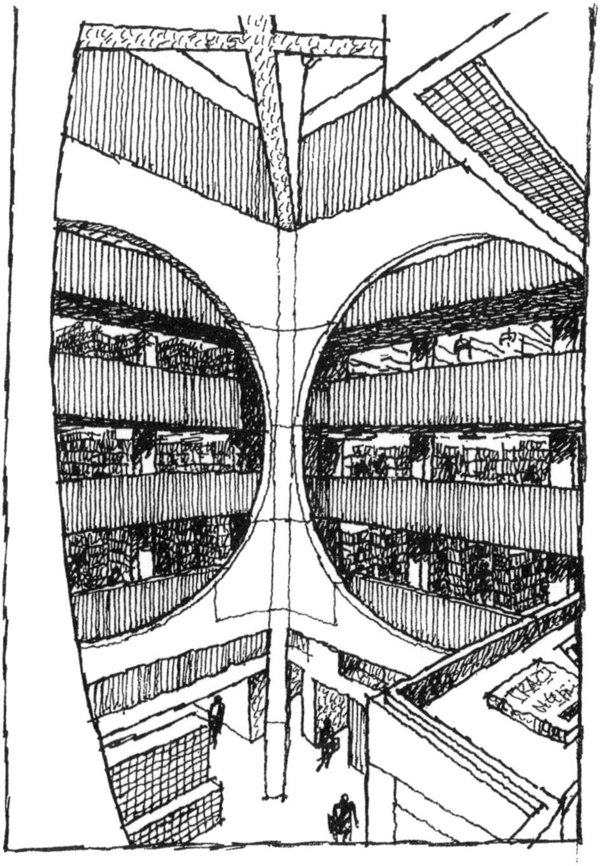

阿卡迪图书馆／路易斯·康

建筑应该是静寂的

路易斯·巴拉甘

没有表现静寂的建筑作品是失败的。

我对建筑最基本的思考方法，用一句话来说，那就是没有什么特定的手法。我常常喜好凭借直观感受去做设计。

简历

路易斯·巴拉甘（Luis Barragan，1902—1988），墨西哥具有代表性的建筑师。1980 年获普利兹克奖。详见 266 页。

出处

《X-Knowledge HOME》第 13 期，2003 年 3 月，42 页“后期：墨西哥市的著名作品”/ 木下寿子

路易斯·巴拉甘宅邸及工作室／路易斯·巴拉甘

这也是后现代

罗伯特 · 文丘里

如果建筑是其所处时代的技术表现的话，那么当代建筑就应该是电子技术的表现，这就是我们现在的立足点。但是，正像丹尼斯·斯科特·布朗指出的那样，今天的建筑潮流，仍然遵循着20世纪前半叶工业法则的现代主义的回潮。他把这叫作『新现代主义』，其实，这也是后现代时期的一种现象，一种不同的说法而已。

简历

罗伯特 · 文丘里（Robert Venturi，1925—2018），美国建筑师。师从路易斯·康，倡导后现代主义。1991 年获普利兹克奖。详见 266 页。

出处

《X-Knowledge HOME》 第 23 期，2004 年 1 月，67 页“我们与后现代主义有着非常复杂的关系”（访谈）/ 丰田启介

注释

现代主义建筑：使用钢、玻璃和混凝土，白色简洁的方形造型，开大片的玻璃窗。

后现代主义建筑：与现代主义建筑相对，建筑造型常用装饰性的手法。参照 185 页。

日光霜降温泉／罗伯特・文丘里＋丹尼斯・斯科特・布朗

特殊的解

托马斯·赫尔佐格

建筑可以分为理论、技术、美学等组成部分。但是，通常必须进行整体上的思考。

从整体环境来看，可以先按照所有的数据和科学的普遍性去思考，但最终却会去寻求某种特殊的解决方法。如果不论什么地方都是现代主义的国际式建筑的话，建筑不就成可口可乐了吗？

简历

托马斯·赫尔佐格(Thomas Herzog,1941—)，德国建筑师。他是最先考虑环境问题，推进节能设计的建筑师。详见 260 页。

出处

《X-Knowledge HOME》 第 17 期，2003 年 7 月，11 页“通常从环境和建筑整体上考虑，从普遍的思考中寻求特殊的解”/大西若人

注释

国际式：世界各地共同的建筑形式。

勒·堪斯普尔库的住宅／托马斯·赫尔佐格

建筑的丰富性

隈研吾

建筑设计不单是描绘建筑的轮廓，还要能够调动人的触觉、嗅觉等五种感官，这是非常重要的。而且，不能任何时候都保持不变的姿态。随着时间的推移，建筑要给人以新的生命感和不同的感受。这就是建筑的丰富性！

简历

隈研吾（1954— ），建筑师，东京大学教授。1997年获日本建筑学会建筑作品奖。详见258页。

出处

《X-Knowledge HOME》第15期，2003年5月，11页“PEOPLE　TOPICS”（访谈）/ 和田京子

建筑不仅仅是形态

隈研吾

如果说『建筑仅仅是形态』的话，那马上会少了很多趣味。尽管受到形态的限制，但是不论多小的细节，材料的运用都是无限自由的。探求材料的运用，有着无限的乐趣和广阔的空间。创造留有余地的建筑，才会产生持续的自信。

出处

《X-Knowledge HOME》第 13 期，2002 年 3 月，32 页“建筑师与手工艺匠师”（访谈）

建筑是辅助工具

雅克·赫尔佐格（赫尔佐格与德梅隆）

建筑为什么是必要的？建筑的本质，是以为生活提供服务为目的，所以建筑更像是辅助工具一类的东西。按说，建筑应该向着这一辅助目的推进，尽可能地向纯粹功能的方向发展。但是，智能建筑、3D迪斯尼乐园那样的建筑，利用数字化仿真等的刺激，却使得建筑向着越来越丰富的方向发展。

简历

雅克·赫尔佐格（Jacques Herzog）与德梅隆（de Meuron），瑞士建筑师，设计团队的两位主持人。2001年获普利兹克奖。详见263页。

出处

《X-Knowledge HOME》 第18期，2003年8月，40页“与赫尔佐格的对话——诉诸感觉的建筑”/港千寻

视觉、触觉、听觉

雅克·赫尔佐格（赫尔佐格与德梅隆）

建筑给人各种感官刺激，具有很强的外在物理性。所以，我们应该尽可能地加入各种素材。

关注一下人类的物理感知能力，就可以发现，我们的身体是可以将深层次的必要感觉集中起来的。所以，我们的建筑应该对应人们的五官感觉诉诸表现。总之，要针对视觉、触觉、听觉等去思考设计。

出处

《X-Knowledge HOME》第 18 期，2003 年 8 月，40 页“与赫尔佐格的对话——诉诸感觉的建筑” / 港千寻

激进的建筑

雅克·赫尔佐格（赫尔佐格与德梅隆）

所谓『激进』，就是在某一方面有所突破的同时，通过对其优势的再评价，从而获得全新的认识。

只在图纸上的激进建筑，是没有意义的。按照前卫艺术的观点来看，我认为，过去真正称得上激进建筑的，应该是与在其中生活的人和场所环境紧密相连，并且直到现在，仍然具有新意而无法超越的。同时，还拥有强烈的磁石般的吸引力。

我们在一些项目中也曾经做过这方面的尝试，当然，这里面也有其连续性。北京奥运会国家体育场项目，就可以用体育场馆中的激进设计来解释。这座建筑，不仅仅是一座奥运建筑，我们认为奥运会闭幕以后，它作为北京市的建筑这一点更加重要。

我们使用鸟笼状的网，将体育馆的内部与外界完全隔断，遮盖了起来。

出处

《X-Knowledge HOME》特辑第 11 期，2008 年 8 月，9 页“赫尔佐格与德梅隆：与赫尔佐格的对话”/ 毕欧德

注释

前卫艺术：含有对到此之前的方法，都予以否定的意思。

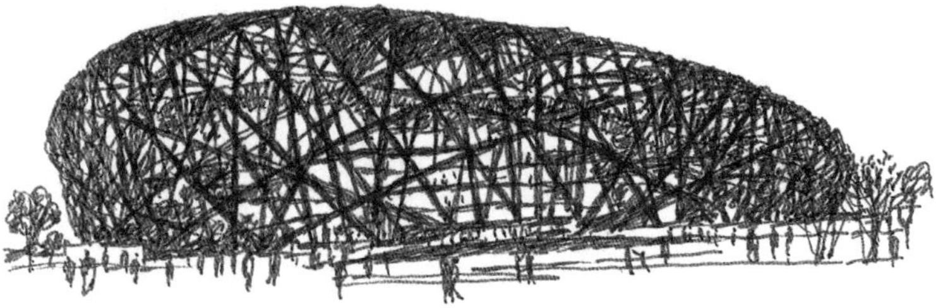

中国国家体育场（鸟巢）／赫尔佐格与德梅隆

独特的几何学形态设计方法

弗兰克·劳埃德·赖特

正方形、立方体表达的是一种完整性，圆和球体是无限循环，直线给人以正直感，而三角形则表现出很强的期望。正方形态的室内并不是单纯的构想，而是在向立方体发展的过程。

简历

弗兰克·劳埃德·赖特(Frank Lloyd Wright，1867—1959)，20世纪建筑界三大巨匠之一，美国具有代表性的建筑师。详见262页。

出处

《X-Knowledge HOME》第11期，2002年12月，43页“赖特与塔里埃森”/上地直美

埃尼斯住宅／赖特

系统与协同合作

巴克敏斯特·富勒

只看到系统中的一个局部，谁都可以明白系统整体是什么样。对于系统的整体来说，可以用其中一个部分来思考整体，也可以通过局部的运作来判断整体的运作。系统的整体运作需要各个部分的协同合作。

「富勒的『以最少的东西达成最大的效果』就是这种概念。」

简历

巴克敏斯特·富勒（Buckminster Fuller，1895—1983），美国建筑师，建筑结构专家。详见 261 页。

出处

《X-Knowledge HOME》第 9 期，2002 年 10 月，38 页“20 世纪代表性的结构大师巴克敏斯特·富勒的轨迹”/ 渡边邦夫

蒙特利尔世博会美国馆／巴克敏斯特·富勒

数学式的建筑设计方法

堀部安嗣

如果有数学式的建筑设计方法和物理式的建筑设计方法的话，我想我是属于数学式的。说到物理，例如爱因斯坦的相对论，使教科书中的内容为之一变，全部重新编写。而遗传因子的发现，又再次颠覆了之前人们的认识。但是，数学的定义是一个积累的过程，不会被彻底地颠覆。为什么是这样呢？主要是因为有法则和公理的存在。建筑设计就类似这种数学式的设计方法。我认为，不应该颠覆那些很有魅力的建筑。

简历

堀部安嗣（1967—），建筑师，京都造型艺术大学研究生院教授。详见263页。

出处

《X-Knowledge HOME》特辑第10期，2008年2月，105页“住宅的永恒性”（访谈）

有机建筑

塚本由晴

所谓有机建筑，有一种观点认为是采用了曲线。从造型的角度去理解，部分与整体之间存在着不可分割的关系，称为『有机』。部分的方法可以完全不变地应用于整体，而整体也会对部分产生影响。然而，从广阔的领域去理解这一概念的话，则是指围绕着建筑的很多具体问题，生活问题、人类的活动问题、热环境与雨水问题；以及与建筑自身变化相关的，建筑周边环境随着时间推移而发生的变化，及其与周边其他建筑之间的关系，等等。它是指建筑物的构成与所处环境位置之间的有机联系，而与是否采用曲线无关。这样说来，建筑在城市空间中反复改变，必然会与周边的建筑相互发生关系，要以相邻地段有些什么样的建筑为前提，根据周边的情况来决定自己如何去做。我认为如果这样做的话，在城市空间之中，就会产生有机的关系。

简历

塚本由晴（1965— ），建筑师，东京工业大学大学院准教授。详见 260 页。

出处

《X-Knowledge HOME》特辑第 10 期，2008 年 2 月，6 页“犬吠工作室现在的住宅设计——塚本由晴访谈”

自由曲线的发现

奥斯卡·尼迈耶

我对人工的直线不感兴趣。

我觉得最有魅力的是自由流动的曲线。

我常常从故乡山峦的棱线、流淌着的河流、空中的浮云，以及我所喜爱的女性身体的轮廓线中，发现各种优美的曲线。整个宇宙的形态，也是由曲线构成的。

爱因斯坦发现，宇宙是曲线的。

简历

奥斯卡·尼迈耶（Oscar Niemeyer，1907—2012），巴西具有代表性的建筑师。1988 年获普利兹克奖。详见 257 页。

出处

《X-Knowledge HOME》 第 22 期，2003 年 12 月，13 页“卡诺斯自宅”

卡诺斯自宅／奥斯卡 · 尼迈耶

宇宙建筑

奥斯卡·尼迈耶

『我自认为是一个与宗教无缘的人。』

对我而言，真正重要的是宇宙最初爆炸时，在无限的空间中生成的那些恒星、行星等天体，以及地球上生存着的我们这些动物的形态。

出处

《X-Knowledge HOME》第 22 期，2003 年 12 月，65 页“克服重力在高原上飞翔的鸟——城市”/ 管启次郎

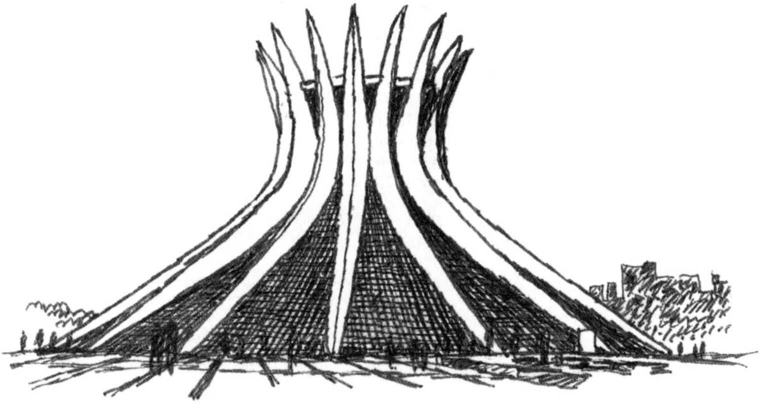

巴西利亚天主堂／奥斯卡·尼迈耶

允许超过百亿日元

藤森照信

花钱的事情大抵相同，美国的火箭、苏联的火箭和日本的火箭都一样，造价超过1亿日元，而且其形态也都差不多。超过1亿日元、10亿日元的东西，其形态不会允许有太大的差异。但是，只有建筑，尽管造价超过百亿日元，其形态却千差万别。

结果，超过百亿日元造价的，允许以个人的好恶去进行设计建造的，就只有建筑了。然而，正因如此，这才是建筑最有意思的地方，是需要特别认真对待的地方。

简历

藤森照信（1946— ），建筑史学家，建筑师。工学院大学教授，东京大学名誉教授。1998年获日本建筑学会论文奖，2001年获日本建筑学会建筑作品奖。详见262页。

出处

《X-Knowledge HOME》第4期，2002年4月，16页“21世纪的建筑”（访谈）

什么是建筑师

建筑师的最后生命线

藤森照信

我在思考，建筑师的最后生命线体现在哪里？如果用其他说法的话，建筑师除了表现之外，并没有什么别的能力。建筑产生于政治、经济、社会、技术、思想、世态、时尚等不同条件的各个领域之中，这些都不是建筑师的专业，如果没有其他领域的支持，什么也实现不了。但是，由于建筑师的存在，却可以将这些整合起来，并赋予一定的形态。赋予建筑以某种形态，是建筑师唯一的职能。

简历

藤森照信（1946— ），建筑史学家、建筑师。工学院大学教授，东京大学名誉教授。1998年获日本建筑学会论文奖，2001年获日本建筑学会建筑作品奖。详见262页。

出处

《X-Knowledge HOME》特辑第7期，2006年8月，19页“藤森照信问答——15个问题”

建筑空间反映时代的特征

密斯·凡·德·罗

建筑师应该从特殊的立场看问题。我们生存在时代之中，就必然要表现这个时代。所以，我从内心坚信，建筑必须表现时代的文明。

简历

密斯·凡·德·罗（Mies van der Rohe，1886—1969），出生于德国的建筑师。20 世纪建筑界三大巨匠之一，包豪斯最后一任校长。详见 266 页。

出处

《X-Knowledge HOME》第 17 期，2003 年 7 月，79 页“密斯语录——建筑是什么”

像乐器一样演奏

阿尔瓦·阿尔托

建造一座建筑，是一件复杂而且投入很大的工作，为了实现建筑师的设想，需要许多人共同努力。但是，建筑师与管弦乐队的指挥不一样，指挥者要针对演奏挥舞指挥棒，而我们这些建筑师，至多也就是像乐器那样，自顾自地演奏。

简历

阿尔瓦·阿尔托（Alvar Aalto，1898—1976），北欧具有代表性的芬兰建筑师。详见 254 页。

出处

《X-Knowledge HOME》第1期，2002年1月，53页“简述阿尔瓦·阿尔托的生涯”/尤拉·西尔兹

帕米欧结核病疗养院 / 阿尔法·阿尔托

鉴赏建筑的方法

藤森照信

一般情况下，我们看到一栋建筑的时候，并不会仅就这一栋建筑来论建筑，而总是将其放在历史进程之中来看待，这样理解起来就会容易一些。例如妹岛和世，她并不是横空出世、突然冒出来的。特别是她的作品——为其父而建的『梅林之家』，怎么就突然用金属工艺去设计建造呢？其实，在她之前有伊东丰雄，伊东之前有矶崎新、菊竹清训，都使用过金属工艺。从这一潮流的演化发展来看，这种做法也是得到大家认同的。总之，也是正统建筑的流派之一。

简历

藤森照信（1946— ），建筑史学家、建筑师。工学院大学教授，东京大学名誉教授。1998 年获日本建筑学会论文奖，2001 年获日本建筑学会建筑作品奖。详见 262 页。

出处

《X-Knowledge HOME》特辑第 5 期，2005 年 8 月，117 页“藤森照信谈‘优雅’的诱惑——白井晟一的‘欢归庄’”

注释

妹岛和世：荣获普利兹克奖（2010 年）的两名女建筑师之一。日本第四位获得普利兹克奖的建筑师。普利兹克奖被誉为建筑界的最高荣誉。

梅林之家：整栋建筑的外墙，全部用厚 16mm 的金属板做成。

构造节点的发展变化

藤森照信

建筑构造做法，会通过设计者在事务所之间积累传承。

就钢筋混凝土构造而言，柯布西耶的做法很棒，但是在日本却并不采用那些已有的现成做法，而是采用吸取了很多日本元素的安东尼·雷蒙德的做法。此后，雷蒙德的做法传至前川国男的事务所，又从前川国男事务所传至丹下健三事务所，丹下健三又把它传给了矶崎新。这种混凝土构造做法一直流传了下来，是在一种无意识的情况下进行的。但是，又不可能是无意识的，它随着掌握做法的人流传到别的事务所，只是自身仍然装作不知道而已。

出处

《X-Knowledge HOME》特辑第 5 期，2005 年 8 月，117 页“藤森照信谈‘优雅’的诱惑——白井晟一的‘欢归庄’”

注释

前川国男：师从柯布西耶，对现代建筑作出了巨大的贡献。

丹下健三：前川国男的学生，第一位荣获普利兹克奖（1987 年）的日本建筑师。

『建筑并不存在』【路易斯・康】

工藤国雄

对于路易斯・康而言，与其说是建造，不如说是在追求建筑脱离大地的可能性，而且每天都在确认是否真的能够如此。他曾经说过：『建筑并不存在（Architecture does not exist）。』总之，『他的建筑在天国里』，每天的设计活动都尽可能地接近神（真正的东西），而对于不能确信的东西就不需要再努力了。这样说来，他不像静静地祈祷那样消磨时间，而是每天从清早到深夜一直在奋斗。这就证实了，这是一种消耗性的创造，『建筑并不存在』不只是一种说法，而是发自内心的感叹。

简历

工藤国雄（1938— ），建筑师，哥伦比亚大学副教授，哥伦比亚大学日本先锋建筑研究本部部长。曾在路易斯・康建筑设计事务所工作。详见 257 页。

出处

《X-Knowledge HOME》特辑第 2 期，2004 年 7 月，116 页“渐行渐远的路易斯・康与越来越热的建筑”

萨尔克生物研究所／路易斯·康

对建筑师来说最重要的事情

理查德·波菲尔

对建筑师来说，最重要的事情就是『创造』。

高迪的作品虽然每一件都不一样，但是，我们可以看得出来，它们都是高迪设计出来的东西。高迪是一个非常封闭的人，一生没有离开过巴塞罗那。但是，他却在巴塞罗那设计出了世界水准的建筑。建筑本来就应该是这样的啊！

简历

理查德·波菲尔（Ricardo Bofill，1939—），出生于西班牙的建筑师。详见265页。

出处

《X-Knowledge HOME》第5期，2002年5月，83页“理查德·波菲尔访谈”

对更高目标的追求

安东尼奥·高迪

真正把建筑作为追求目标的人，谁都不能只是凭借技术，而是应该像攀登高山一样拼尽全力。不能不了解自己的能力，而且，还要有自我锻炼提高和自我牺牲的精神。要达到非常高的目标，这些都是必不可缺的。

简历

安东尼奥·高迪(1852—1926)，西班牙具有代表性的建筑师。详见254页。

出处

《X-Knowledge HOME》第5期，2002年5月，30页“安东尼奥·高迪语录”/范·巴塞克

一个人到了70岁

安东尼·雷蒙德

建筑师到了70岁的时候，不会过上很奢华的生活，也不会很有钱。而且这时候，他已经落伍了。

简历

安东尼·雷蒙德（1888—1976），出生于捷克的建筑师，师从赖特。详见254页。

出处

《X-Knowledge HOME》第4期，2002年4月，84页“真实的雷蒙德——北泽兴一访谈”/石田颜

95岁的普通生活

奥斯卡・尼迈耶

［2003 年，尼迈耶当时 95 岁］

我每天早上 9 点到办公室，晚上 8 点离开，过着普通人的生活。如果有设计任务的话，会交给那些年富力强的建筑师们去做。接下来的任务是写设计说明，我想一定要把论据写得非常有说服力。然后，便是修改当初的设计草图。我一个人在很安静的房间的一角，一边思考，一边探寻着解决问题的方法。当然，采用的手段也不能太过头。对于艺术家来说，成功最重要的是直觉。作品中所拥有的惊喜和刺激，都是由艺术底蕴带来的。

［2010 年，102 岁，仍在工作］

简历

奥斯卡・尼迈耶（Oscar Niemeyer，1907—2012），巴西具有代表性的建筑师，1988 年获普利兹克奖。详见 257 页。

出处

《X-Knowledge HOME》 第 22 期，2003 年 12 月，30、31 页“尼迈耶访谈”

宣传思想的广告专家

弗兰克·劳埃德·赖特

建筑师必须具有高水准的语言表达能力，以及动手能力。对于建筑师来说，动手能力直接关系到思想及情感的表达，是非常重要的。这样说来，建筑师无疑就像是以图纸来表现思想观念的广告专家。

简历

弗兰克·劳埃德·赖特(Frank Lloyd Wright，1867—1959)，20世纪建筑界三大巨匠之一，包豪斯最后一任校长。详见266页。

出处

《X-Knowledge HOME》第11期，2002年12月，42页“赖特与塔里埃森”/上地直美

什么是名作

现代建筑三巨匠

高山正实

对于赖特、柯布西耶、密斯三位现代主义建筑大师，我认为，他们并不是平行的，而是有着某种纵向的联系。对赖特的建筑空间进行修正，继承了赖特思想的，是密斯。密斯设计的“巴塞罗那展览馆”就是这方面的例证。

虽说欧洲建筑是自我完结的客体，但是，真正的现代主义，指的是那种拥有自由空间的建筑。

简历

高山正实（1933— ），建筑师，芝加哥建筑研究所代表，师从密斯·凡·德·罗。详见 259 页。

出处

《X-Knowledge HOME》第 17 期，2003 年 7 月，45 页“会晤赖特先生，发现流动空间——高山正实访谈”/ 丰田启介

注释

巴塞罗那展览馆：参见 98 页。

20 世纪三位建筑大师

勒·柯布西耶［左］、弗兰克·劳埃德·赖特［中］、密斯·凡·德·罗［右］

对20世纪建筑大师们的评价

藤森照信

不论建筑师是否是『大神』，对他的评价最终还是要真正考虑各个方面的综合情况。如果来到维也纳，与奥托·瓦格纳维也纳分离派的名作相比，还是碰巧遇到的人更多。尽管看到的不是本德尔特沃塞的全部设计作品，但是，保留下来的那些非常优秀的作品，也是非常引人注目的。

所以，以普通人的眼光，按照引人注目的顺序来排列的话，第1名就是本德尔特沃塞，第2名高迪，第3名赖特，第4名柯布西耶，第5名密斯，而最后是格罗皮乌斯。这种排序与现代主义建筑的评价完全相反，对现代建筑史作出重大贡献的只有格罗皮乌斯与密斯，尽管就其本人来讲，并没有什么有趣的故事，但是，他们的水准可以使他们的排名逆转。

简历

藤森照信（1946— ），建筑史学家，建筑师，工学院大学教授，东京大学名誉教授。1998年获日本建筑学会论文奖，2001年获日本建筑学会建筑作品奖。详见262页。

出处

《X-Knowledge HOME》特辑第5期，2005年8月，119页“藤森照信就白井晟一的欢归庄谈建筑师的人格魅力”（访谈）

注释

奥托·瓦格纳：19世纪末活跃在维也纳的新艺术派代表建筑师，为现代主义建筑的兴起奠定了基础。

维也纳分离派：奥托·瓦格纳及其教子奥尔斐利普的设计，属于新艺术派的代表性建筑。

本德尔特沃塞［左］、格罗皮乌斯［中］、安东尼奥·高迪［右］

震撼内心的建筑

藤森照信

当我们进入高迪的库埃尔公园地下教堂时，不论是谁，都会被那种从没见过的空间效果所震惊。如果是敏感的人，那感受就更加深刻了。这是一种很强烈的内心震撼，与普通的打动人心不同，它会给人的内心深处以巨大的震动，让人从心底产生一种沸腾感。或许说，这种生命现象是一种作为母体的大地震撼的感觉，更为恰当。

我认为，除了高迪的建筑之外，其他建筑都没有那种生命力和大地震撼的感觉，这对我来说一直是个未解之谜。

进入 21 世纪，高迪的建筑仍然能够在我们的内心深处产生强烈的震撼，也许还有其他的理由吧。

出处

《X-Knowledge HOME》 第 21 期，2003 年 11 月，31 页“两个未建成的教堂中隐藏的高迪的信息”

库埃尔公园地下教堂 / 安东尼奥 · 高迪

21世纪的建筑与高迪

伊东丰雄

高迪的建筑会给人以植物或动物那样的极具生命力的感受。或者说，那些建筑是活的，是有生命的。对我来说，与高迪的建筑所呈现出来的雕塑和镶嵌等装饰性手法相比，我更关心那些建筑结构与形态的关系。从他的建筑中我们可以看到，不安定的空间中存在着安定性。或者也可以说，非合理性之中存在着合理性。我认为，这也正是21世纪建筑设计的关键所在，从这一点即可以看出，高迪是一位以其设计喻示着未来的建筑先驱。

简历

伊东丰雄（1941— ），建筑师。1986年、2003年两次荣获日本建筑学会建筑作品奖，2013年获普利兹克奖（译者注）。详见255页。

出处

《X-Knowledge HOME》第21期，2003年11月，43页“高迪建筑中那些喻示着未来的东西”（访谈）

暴风雨的日子，高迪

萨尔瓦多·达利

高迪在一个暴风雨的日子里，以表现波浪、模仿大海的形态，去建造一座建筑。

简历

萨尔瓦多·达利(Salvador Dali，1904—1989)，西班牙艺术家，超现实主义的代表性画家。详见259页。

出处

《X-Knowledge HOME》第5期,2002年5月，65页“达利对高迪的赞歌”

高迪设计的形态内涵

伊东丰雄

我最喜欢的高迪作品是『米拉公寓』，我认为，这是将波浪的流动性，以永恒的建筑形态表达出来的实例。人在直立不动的时候，处于安定的形态，而在脚步迈出的一瞬间，则是不安定的。这时候，一个不安定的形态，又会引起下一个不安定。总之，运动中的形态关系是非常有意思的。

简历

伊东丰雄（1941— ），建筑师。1986 年、2003 年两次荣获日本建筑学会建筑作品奖，2013 年获普利兹克奖（译者注）。详见 255 页。

出处

《X-Knowledge HOME》 第 21 期，2003 年 11 月，43 页“高迪建筑中那些喻示着未来的东西”（访谈）

米拉公寓／安东尼奥·高迪

高迪的思考方法

伊东丰雄

我感觉高迪的思考方法是流动变化的。树木绝不是在真空状态下生长的，树旁建筑的墙壁、阳光照射的方向、风的影响等，各种条件都会对树木的生长产生影响。于是，一根树枝伸出的同时，决定着下一根树枝伸出的方向。总之，树的形态并不是最初就确定好的，而是在碰到各种不安定因素之后，针对这些影响来进行调整并保持整体平衡的。以这种思考方式来创造建筑的人，大概只有高迪吧？我最感兴趣的就是，这种在无法预测的思维方式中，进行创作的思考方法。

出处

《X-Knowledge HOME》第 21 期，2003 年 11 月，43 页“高迪建筑中那些喻示着未来的东西”（访谈）

高迪的不确定的未来

伊东丰雄

现代主义建筑，有一种在开始阶段就确定全局的倾向。以正方形、圆形等单位几何形态为基础的思考方法，去确定整体的形象。而后，再对其进行分割、组合等各种调整。与开始即确定整体形象、发展方向明确的思考方式相比，我们可能对于高迪对待人世的态度和做法更有认同感。

从人生的角度来考虑的话，对30年后自己的命运了如指掌的人，并不存在吧。例如：优雅的女性，其今后的人生也有可能会变得很糟糕。将这样的问题联系到自身的话，我便希望，能够以同样的思考方式去进行建筑设计。

出处

《X-Knowledge HOME》第21期，2003年11月，43页“高迪建筑中那些预示着未来的东西”（访谈）

我站起来，又想起了你！

众多的创造者匆匆地来，又匆匆地去，
但是，请不要改变你的思考方法。

再见！弗兰克·劳埃德·赖特！

意趣相投的我们，
像每个晚上一样，从夜晚到天明，
一起度过，漫长的岁月，
一笑而过，漫长的岁月，漫长的岁月……

奉献给弗兰克·劳埃德·赖特的歌

保罗·西蒙

再见！弗兰克·劳埃德·赖特。
你的歌声早就这样消失了，
我们怎么也不敢相信。
乐曲还在记忆之中，
就这样早早地结束，
任何时候都不会忘记的弗兰克·劳埃德·赖特！
意趣相投的我们，每晚，
都一起从夜晚直至天明。
漫长的岁月，一笑而过，
漫长的岁月，漫长的岁月……

众多的创造者来来去去，
但是，请不要改变你的思考方法。
在为情感干杯的时候，

简历

弗兰克·劳埃德·赖特(Frank Lloyd Wright，1867—1959)，20世纪建筑界三大巨匠之一，美国具有代表性的建筑师。详见262页。

出处

作词作曲：保罗·西蒙。1969年10月28日收录于阿尔帕姆的“架设通往未来的桥梁”。《X-Knowledge HOME》第12期，2003年1月，17页

注释

奉献给弗兰克·劳埃德·赖特的歌
作词作曲：保罗·西蒙
（1969年出版，保罗·西蒙作，美国纽约）
授权JASRAC（日本音乐著作权协会）出1011698-001号

古根海姆美术馆／弗兰克·劳埃德·赖特

约翰逊公司办公楼及研发楼／弗兰克·劳埃德·赖特

应该知道的有关人类的事情

唐·西蒙斯

假如人类建造的建筑都毁灭了，人类也被遗忘了，那时弗兰克·劳埃德·赖特的『流水别墅』(1935年由埃德康·J.卡夫曼委托建造的住宅)还残留下来的话，那么，公元24812年降落到地球的外星人，便可以从中获取到有关人类的必要的知识。

简历

唐·西蒙斯（Dan Simmons，1948— ），美国具有代表性的科幻小说作家，恐怖小说作家。详见259页。

出处

《X-Knowledge HOME》第11期，2002年12月，98页“设计流水别墅的天才弗兰克·劳埃德·赖特”

注释

“流水别墅”：与密斯设计的“范斯沃斯住宅”（100页）、柯布西耶设计的“萨伏伊别墅”（117页）并称，被誉为20世纪住宅建筑的杰作。

流水别墅／弗兰克·劳埃德·赖特

20世纪的帕提农神庙

藤森照信

现浇混凝土是柯布西耶的符号，是科学技术催生出的『20 世纪的岩石』。朗香教堂就像是屹立在山坡上的 20 世纪的岩石一样，给 20 世纪的大地以强有力的震撼。

这种在山顶之上屹立于晴空的景象，不由得让人联想到希腊的帕提农神庙。

朗香教堂是用 20 世纪的技术和材料建造的帕提农神庙。

简历

藤森照信（1946— ），建筑史学家，建筑师。工学院大学教授，东京大学名誉教授。1998 年获日本建筑学会论文奖，2001 年获日本建筑学会建筑作品奖。详见 262 页。

出处

《X-Knowledge HOME》第 2 期，2002 年 2 月，21 页“柯布西耶的后期建筑”

朗香教堂／勒·柯布西耶

『少就是多』［密斯·凡·德·罗］

田所辰之助

『少就是多，当初讲的是一种相对关系』，密斯摆动着硕大的身躯，面带微笑地回答。『在我设计AEG电机工厂的时候，工作推进得并不顺利，绘制了山一样多的图纸。在这种情况下，我对贝伦斯说「少就是多」』。在那之后，密斯在访谈中，曾这样讲述过这段插曲。

把握平衡，对于年轻的设计人员来说，并不是一件容易的事情，画了那么多的图纸，仍然不得要领，确有苦衷。但是，这句话出自密斯之口，则完全不同了，被赋予了新的含义。

与之前的工作经验无关，给人以一种全新的带有『丰富内涵』的感觉。『少就是多』，即是说『简洁的东西也同样能够丰富』。

简历

田所辰之助（1962— ），日本大学副教授。详见259页。

出处

《X-Knowledge HOME》第17期，2003年7月，43页“少就是多的背景”

注释

贝伦斯：现代主义的先驱，密斯、柯布西耶、格罗皮乌斯三人均出自贝伦斯的设计事务所。

AEG 电机工厂／贝伦斯

与中世纪诀别

高山正实

『巴塞罗那展览馆』是欧洲现代建筑的分水岭。欧洲的建筑，即便是国际式建筑，也同样强调『形』。但是，密斯的『巴塞罗那展览馆』，则完全超越了所有那些建筑。

国际式建筑仅从『形』的角度来看，也有一定的新意。它虽然抛弃了过去历史上惯用的装饰，但其根本的空间意识，还是与中世纪有着割不断的联系。如果把装饰的有无放在一旁，最终都还是要塑造一个东西。但是，密斯的『巴塞罗那展览馆』却超越了这些。如果看一下当时的设计草图，就会明白，『巴塞罗那展览馆』是与过去彻底诀别了的。

简历

高山正实（1933— ），建筑师，芝加哥建筑研究所代表，师从密斯·凡·德·罗。详见 259 页。

出处

《X-Knowledge HOME》第 17 期，2003 年 7 月，44 页“会晤赖特先生，发现流动空间——高山正实访谈”/ 丰田启介

注释

国际式：早期现代建筑，在世界范围内流行的一种建筑形式。

密斯名作的深层含义

石山修武

『巴塞罗那展览馆』是20世纪现代建筑的代表，对于『巴塞罗那展览馆』的魅力以及密斯对现代主义作出的贡献应该如何认识？真的像尼奇所说的，是希腊酒神狄俄尼索斯那种东西的集合吗？

『巴塞罗那展览馆』的外表，虽然有着非常明确的现代主义形态，但是，它还隐喻着十分深厚的内涵。

萨尔瓦多·达利过去曾说过，未来的建筑将在安东尼奥·高迪和帕金·普拉之间。与他们同样，或许也可以给『巴塞罗那展览馆』赋予预示着未来的建筑，亦未可知。

简历

石山修武（1944— ），建筑师，早稻田大学教授。1995年获日本建筑学会建筑作品奖。详见255页。

出处

《X-Knowledge HOME》第17期，2003年7月，33页"巴塞罗那展览馆的深刻内涵"

注释

参照尼采所著《悲剧的诞生》。

巴塞罗那展览馆／密斯・凡・德・罗

钢与玻璃

高山正实

密斯并没有『自己的建筑』这种意识，或者说，没有表现主义那样的自己的形式，或建筑师的个性之类的东西。密斯早期曾经使用『时代』，以后又改用『文明』这样的语言，来表达自己的设计理念。总之，他的建筑是一种时代和文明的表现，而并没有在其中加入什么自己的形式。或者说，大师们虽然是在设计自己的建筑，但是，对于天才的个人的东西还是很慎重的，所以密斯没有『自己的建筑』这种概念。因此，也不会使用自己的形式和自己的材料，而是考虑这个时代的材料是什么。其结果，便是在他设计的建筑中，大量使用了钢和玻璃。

简历

高山正实（1933— ），建筑师，芝加哥建筑研究所代表，师从密斯·凡·德·罗。详见 259 页。

出处

《X-Knowledge HOME》第 17 期，2003 年 7 月，87 页“在美国时的密斯 · 凡 · 德 · 罗——高山正实访谈” / 丰田启介

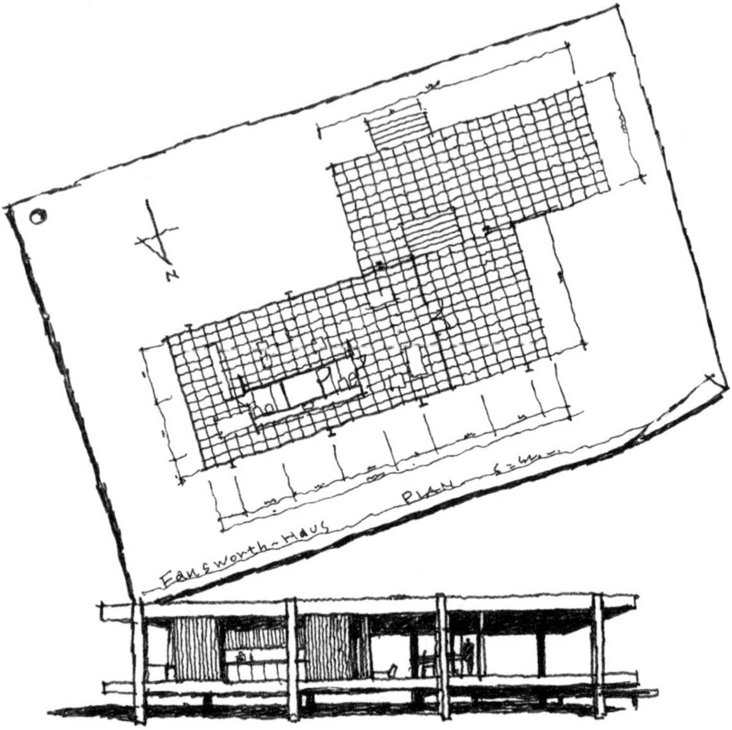

范斯·沃斯住宅［上］、柏林新国立画廊［下］／密斯·凡·德·罗

墙壁、柱子什么都没有

ZZ

我认为密斯建筑的最终追求，是没有墙壁，没有柱子，什么都没有的空间。

有这样一个关于密斯的很有意思的故事。

在『柏林新国立画廊』屋顶吊装的时候，密斯不顾患病的身躯，坐着轮椅来到工地现场。就在巨大的吊车将要把屋顶下降安装就位时，密斯自己操控着轮椅说：『真想在没有屋顶、顶棚、墙壁，什么都没有的开阔的空间里，自由地来回穿行啊！』

就在这之后的第二年，密斯离开了我们。

简历

ZZ（Christoph Zeller and Marco Zurn），德国建筑师，从事多项以密斯的建筑为主题的项目研究。详见 259 页。

出处

《X-Knowledge HOME》第 17 期，2003 年 7 月，51 页“密斯与柏林，下个世纪建筑的视点——ZZ 访谈”/ 河合纯枝

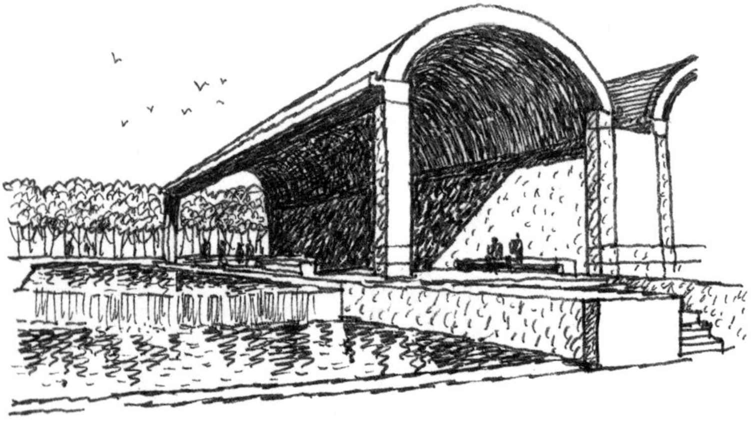

金贝尔美术馆／路易斯·康

奇迹般的美丽

工藤国雄

路易斯·康是一位著名的建筑师，他设计的建筑，在当时美国战后充满希望的时代，有着瞬间的偶然性。我认为，这是在创造历史性的奇迹。这一点很引人注目，当然，这种奇迹也是非常美丽的。

从世界史的角度来看，我们会发现，日本人创造了精神方面的奇迹，那种精神是一种融入周边环境、混合了多种成分、像美酒一样的美。

简历

工藤国雄（1938年— ），建筑师，哥伦比亚大学副教授，哥伦比亚大学日本先锋建筑研究本部部长。曾在路易斯·康建筑设计事务所工作。详见257页。

出处

《X-Knowledge HOME》特辑第2期，2004年7月,115页“渐行渐远的路易斯·康与越来越热的建筑”

连摄影都不可能

阿尔瓦罗·西扎

路易斯·巴拉甘的建筑，纯净、简洁而且静谧。虽然存在着，但是很多东西都无法描述、模仿，甚至连摄影都不可能。当然，如果将它们放到今天的话，也具有普遍的意义。

简历

阿尔瓦罗·西扎（Alvaro Siza，1933— ），葡萄牙具有代表性的建筑师，1992 年获普利兹克奖。详见 254 页。

出处

《X-Knowledge HOME》第 13 期，2003 年 3 月，23 页“建筑师西扎对巴拉甘的赞歌”

贝斯·埃尔犹太教堂／路易斯·巴拉甘

请看我看过的东西

路易斯·巴拉甘

我做的事情，请不要做；我读过的东西，请读；我看过的东西，请看。

『看过的东西，如：西班牙的赤城（Alhambra）、法国造园家巴库的园林等。巴拉甘的空间中包含着非常漂亮的色彩，很难用语言描述。如果真要理解他的作品的话，那就一定要到现场去看他的作品。』——阿勒曼德·C. 塞尔巴蒂

简历

路易斯·巴拉甘（Luis Barragan，1902—1988），墨西哥具有代表性的建筑师，1980 年获普利兹克奖。详见 266 页。

出处

《X-Knowledge HOME》第 13 期，2003 年 3 月，29 页“色与光的原理——阿勒曼德·C. 塞尔巴蒂访谈”

圣·克里斯特帕尔住宅／路易斯·巴拉甘

未来与过去

阿尔瓦·阿尔托

埃里克·库纳尔·埃斯布隆德创造了谐和的美，他把未来的东西与过去的东西糅合在一起。

这是年轻时的阿尔托，在埃斯布隆德英年早逝的追悼会上说的话。享有世界声誉的芬兰建筑大师阿尔托，与创作正当盛年的瑞士建筑大师埃斯布隆德是关系非常好的师兄弟。

简历

阿尔瓦·阿尔托（Alvar Aalto，1898—1976），北欧具有代表性的芬兰建筑师。详见254页。

出处

《X-Knowledge HOME》第20期，2003年10月，15页“北欧现代建筑的原点”

斯德哥尔摩市立图书馆／埃里克 · 库纳尔 · 埃斯布隆德

丹下健三与野口勇

藤森照信

丹下健三曾经借鉴日本古坟时代陶器、铜铎上那种一层一层的制作感觉，在建筑设计时，将这种体现着古坟时代造型生命的效果，应用在现浇混凝土之中。之后，他的设计取向又转向以金属、玻璃、石材为主的方盒子建筑。野口勇则紧随丹下之后，既斩断了面向未来的发展方向，也放弃了古坟时代陶器、铜铎等器物造型，而是通过吸取埋藏这些器物的古坟丘意向，创造出了大地造型艺术。

简历

藤森照信（1946— ），建筑史学家，建筑师，工学院大学教授，东京大学名誉教授。1998年获日本建筑学会论文奖，2001 年获日本建筑学会建筑作品奖。详见 262 页。

出处

《X-Knowledge HOME》特辑 N0.2, 2004 年7 月,90 页“雕塑家野口勇与建筑师丹下健三”

注释

丹下健三：日本著名建筑师，第一位获得普利兹克奖（1987 年）的日本人。

东京奥林匹克体育馆／丹下健三

库哈斯的观点

丹尼斯·斯科特·布朗

对现有的规则，用新的美学和社会价值去重新评价，并不是采取革命性的全盘否定，而仅仅是将现有的秩序重新组织，并予以改变。这是以现实的规则为前提，从对我们自己的价值予以修正这样的立场去做事情。我认为，这就是雷姆·库哈斯的做法。

简历

丹尼斯·斯科特·布朗（Denis Scott Brown，1931— ），出生于赞比亚的美国建筑师、城市规划师。1969年开始与文丘里合作，进行设计、写作。详见260页。

出处

《X-Knowledge HOME》第23期，2004年1月，68页“我们与后现代主义有着复杂的关系（访谈）/丰田启介”

什么是住宅

原始住宅的模型

藤森照信

原始住宅总的来说有两大类：一类是类似于日本绳文时代的一个大房间内居住多人，另一类则是许多被划分得很小的建筑。为什么会形成一栋栋很小的建筑呢？我们并不清楚。例如，非洲居住在炎热干旱地带的原住民，挪威及芬兰等北欧的古代居民，也是在一个宅基地内，建有一大群很小的建筑。所以，这与气候或许也有一定的关系。日本的情况是：南方多为分栋居住，北方多为一个大房间，也有两种混合的情况。

简历

藤森照信（1946— ），建筑史学家，建筑师，工学院大学教授，东京大学名誉教授。1998年获日本建筑学会论文奖，2001年获日本建筑学会建筑作品奖。详见262页。

出处

《X-Knowledge HOME》特辑第10期，2008年2月，83页“原始居住形态的诱惑”（访谈）

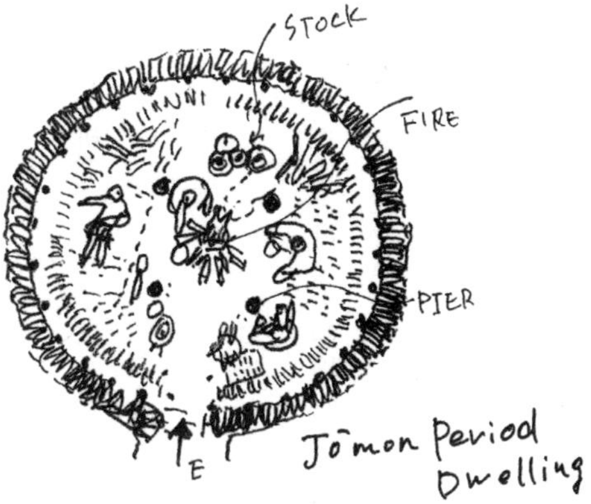

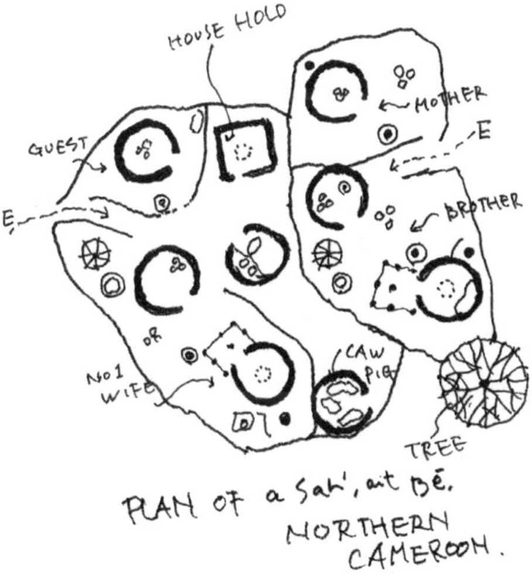

绳文时代的穴居住宅与喀麦隆的分栋住宅

住宅是居住的机器

勒·柯布西耶

汽车是行走的机器。

飞机是飞行的机器。

住宅是居住的机器。

我们现在可以从建筑设计大师柯布西耶与皮埃尔·让纳雷设计的三个小别墅中看到这种设计概念。

简历

勒·柯布西耶（Le Corbusier，1887—1965），出生于瑞士的建筑师、城市规划师、画家。20世纪建筑界三大巨匠之一。详见265页。

出处

《X-Knowledge HOME》特辑第1期，2004年4月，137页“商业宣传用的《今日建筑》”（电影《今日建筑》开头字幕）/ 五十岚太郎

注释

皮埃尔·让纳雷：柯布西耶的兄弟，建筑师。

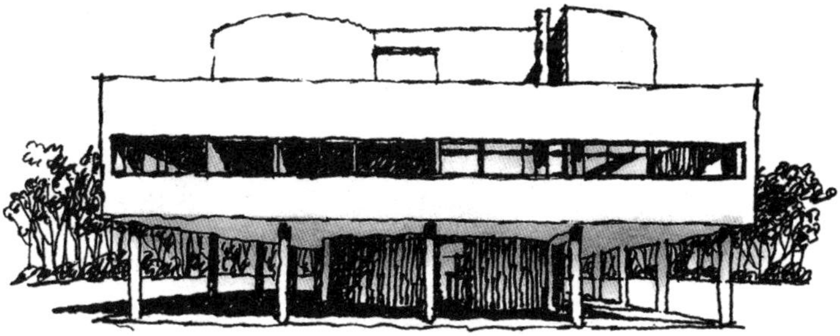

萨伏伊别墅［上］、拉罗什住宅［下］／勒·柯布西耶

记忆深刻的住宅

铃木了二

『捷克布尔诺的吐根哈特住宅』，充满了一种不可言状的气氛。我虽然没有住在那里的理由，但却一直蓄积着希望住在那里的想法，而且，还感觉到这一想法在不断地涌现出来。当然，这些思绪其实并不是什么这样或那样的具体东西，也并不是是否感兴趣的东西，而是至今仍留念着的、那种一瞬间渗透出来的感受。这是一种充满着活力的生命般的感受。因此，与其说是一种思绪，倒不如说是一种物质化了的『记忆』。

简历

铃木了二（1944— ），建筑师，早稻田大学艺术学院院长。1997 年获日本建筑学会建筑作品奖。详见 259 页。

出处

《X-Knowledge HOME》第 17 期，2003 年 7 月，40 页“记忆中的住宅”

注释

捷克布尔诺的吐根哈特宅邸：位于捷克的密斯·凡·德·罗设计的住宅，是密斯的代表作品之一。

捷克布尔诺的吐根哈特住宅／密斯·凡·德·罗

超越时间的场所

青木淳

人们并不是只在做饭的时候才待在厨房，而是即便过了做饭的时间，也会在厨房。当然，方便做饭的场所也是很多的。我认为，尽可能多地安排超越特定时间的场所，这就是建筑设计要做的事情。

简历

青木淳（1956— ），建筑师，1999 年获日本建筑学会建筑作品奖。详见 254 页。

出处

《X-Knowledge HOME》第 4 期，2002 年 4 月，31 页"超越形态的建筑"（访谈）

设计没有墙壁的住宅

石山修武

我想把自己的住宅设计成更加开放的形态。

在亚洲，特别是东南亚、印度，自然环境并不太严酷，哪怕没有房屋等避难所，人们也能生活。亚洲的建筑，内外空间流通，即使没有墙壁也行。所以，我无论如何也要设计没有墙壁的住宅。

简历

石山修武（1944— ），建筑师，早稻田大学教授。1995 年获日本建筑学会建筑作品奖。详见 255页。

出处

《X-Knowledge HOME》第 4 期，2002 年 4 月，24 页“21 世纪边缘的设想”（访谈）

『中间领域』的魅力

中山繁信

日本的住宅，在室外和室内之间存在着『中间领域』，例如『缘侧』和『土间』。缘侧有地板及屋顶，但没有围护结构，周边开敞，适合人在其中活动。土间有屋顶及围护结构，但地面却与室外一样是土地，需穿鞋在其中活动，可根据季节灵活使用。这种具有室外氛围的内部，虽是外部，却又有室内感觉的空间，称作『中间领域』，在人与人来往频繁的古代是不可缺少的东西。

简历

中山繁信（1942— ），建筑师，工学院大学教授，日本大学讲师。师从宫胁檀。详见 260 页。

出处

《X-Knowledge HOME》第 2 期，2002 年 2 月，89 页“‘中间领域’的魅力”

中间领域案例

出檐短小

威廉·迈勒·奥利斯

住宅的情况，屋顶出檐以短小为宜。（中略）多余的屋顶出檐会增加建筑造价，是奢侈的做法，无论如何，短小的出檐给人的建筑感更强。

简历

威廉·迈勒·奥利斯（William Merrell Vories，1880—1964），美国建筑师。明治时代来到日本，设计了很多西洋式建筑。详见 256 页。

出处

《X-Knowledge HOME》 第 12 期，2003 年 1 月，8 页“作为原点的住宅设计第 12 期，马开西住宅，奥利斯设计”/ 中山章

马凯西住宅／威廉·迈勒·奥利斯

住宅、树林都是生活的道具

石山修武

熊谷守一决定，一定要自己建住宅。而且，要建一个树木茂盛的森林那样的园林，生活在里面。他像梭罗那样尝试着在树林之中建造住宅，最终在东京建造了一处拥有50坪（1坪＝3.3平方米）茂密树林的35坪的住宅，并悠闲地生活在自然的包围之中。熊谷守一从52岁开始住在里面，一直在那里生活了45年，据说有30年，他都没有离开过这85坪的地方。

熊谷守一的绘画和书法，都是些常用的小物件，是以熊谷守一生活中的事物为道具的。住宅和50坪的树林也同样是生活的道具，是与他共同度过后半生、生死与共的道具。绘画、住宅、树林对他来说，都不是人生的目的，而是通往彼岸精神世界的道具。

简历

石山修武（1944— ），建筑师，早稻田大学教授。1995年获日本建筑学会建筑作品奖。详见255页。

出处

《X-Knowledge HOME》特辑第5期，2005年8月，29页“熊谷守一——神仙一样的生活”

注释

熊谷守一：画家，1968年获文化勋章。1977年97岁时去世。他的住宅，现在是丰岛区立熊谷守一美术馆。

梭罗：19世纪美国的思想家。

希望有一块耕作的田地

鲸井勇

就要结婚了，日子还没定。

住的地方选在武藏野山边丘陵地带的一角，

希望能有一块可以耕作的田地。

衣服旧一些没有关系，但是，我要自己建造自己的住宅。

对于我来说，建造自己的家，那一直是我的梦想！

生活行为是我创作活动的原点。

简历

鲸井勇（1949— ），建筑师，国土馆大学、武藏野大学讲师。详见 257 页。

出处

《X-Knowledge HOME》特辑第 5 期，2005 年 8 月，115 页“鲸井勇”

和洋混合的住宅（隔壁的龙猫）

内田青藏

这座住宅，被作者在创作时赋予了一种不可思议的恐怖感。西洋式部分在豪华中有着一种哪里不对劲的感觉；日式坡屋顶部分的开放性，虽然白天还好，但在夜晚，却给人一种不得安宁的印象。建筑物的这种固有的感觉，在明治以后的现代化进程中，已经逐渐消失了。只有宫崎骏，才对住宅建筑的这种魅力和价值予以重视。

简历

内田青藏（1953— ），建筑史学家，神奈川大学教授。详见 256 页。

出处

《X-Knowledge HOME》特辑第 5 期，2005 年 8 月，42 页“日本的近代住宅——和洋对立与融合”

注释

和洋混合，指日式与西洋风格的混合（译注）。

和洋混合的住宅

传统的生活方式

菊竹清训

现在，日本的礼仪做法、传统的生活方式，已经变得有些混乱了。首先，不能没有称作『床之间』的壁龛，『床之间』只能有一个。谁坐什么位置，怎样确定围绕着主人如何就座，这些都有生活方式方面的规矩。此外，对于道具而言，根据场合的不同，会设置各种式样、风格的建筑构件，其中的这些智慧甚至影响到了海外。例如只在下面设有玻璃的雪见障子，就是一种很有日本特色的隔扇窗。它中间看不透，从外面看像隔扇一样，而只有坐下来，才能从室内看到外面风景。其他的建筑构件，也是依据生活需求而演变形成的。

简历

菊竹清训（1928— ），建筑师。1964 年获日本建筑学会建筑作品奖。详见 257 页。

出处

《X-Knowledge HOME》特辑第 5 期，2005 年 8 月，89 页“住宅的体验——生活培养建筑师”（访谈）

这就是家族

菊竹清训

对于住宅而言，并不一定要设置儿童专用房间。儿童应该与父母互动，在住宅中怎样生活，来客人时在什么地方学习，都是住宅设计需要认真考虑的。这说明，社会性的学习很有必要，这即是所谓的家庭。今和次郎先生的《不要儿童专用房间论》，讲的就是这些东西，我对此也颇有同感。

出处

《X-Knowledge HOME》特辑第 5 期 ,2005 年 8 月，89 页“住宅的体验——生活培养建筑师”（访谈）

注释

今和次郎：提倡实地考察，从服装研究扩展至民俗学、建筑学，活跃在十分广阔的领域中。

献给母亲的小住宅

勒·柯布西耶

这座小住宅，是为我那长年持续劳动的双亲养老而设计建造的。我的母亲统领了日月山川，甚至是这个家。

简历

勒·柯布西耶（Le Corbusier，1887—1965），出生于瑞士的建筑师、城市规划师、画家。20世纪建筑界三大巨匠之一。详见265页。

出处

《很小的家》1980年10月，5、77页。集文社/勒·柯布西耶

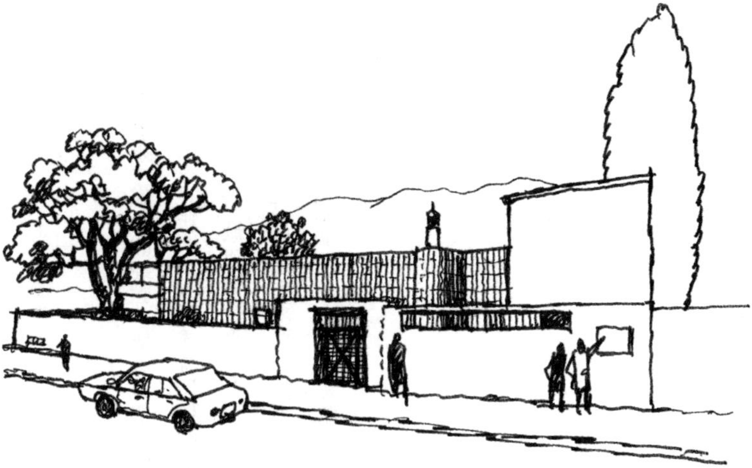

很小的家（母亲的家）／勒・柯布西耶

工作与居住一体化

难波和彦

因为小时候有在『町家』(日本沿街建筑) 成长的经验，所以对窄长的空间非常喜爱。另外给我留下记忆的是：工作的地方紧挨着居住的地方。这是我对于工作场所与居住空间一体化的最初的体验。另一方面，如果看一下世界各国的高密度城市，便会发现『职住相近』的住宅很多。由此来看，我确信，在高密度可持续发展的未来城市中，或是紧凑型城市中，『职住相近』的居住形态会更加普遍。

简历

难波和彦（1947— ），建筑师，东京大学名誉教授。详见 261 页。

出处

《X-Knowledge HOME》特辑第 5 期，2005 年 8 月，95 页 “住宅的体验——生活培养建筑师”（访谈）

注释

可持续发展：降低环境的负担，使生态环境得以持续发展。

紧凑型城市：为了防止城市过度扩张，城市中心各种功能高度集中的城市。

建筑师的居住论

难波和彦

包括我在内，很多建筑师都在思考居住问题，并客观地讲述自己的看法，其结果，就形成了个人居住体验的综合表述。建筑师这类人，能够较好地客观表达个人意见，将个人的体验转换成一种社会现象的表达方式。当然，也会一边阅读有关书籍，一边进行统计调查，以验证自己的看法，出发点虽然没有什么不同，却是一种个人化的居住体验。我认为，如果不是这样，也就没有真实性，更没有说服力了。

与之相对，阅读评论家或社会学者撰写的有关住宅的书籍，便会使人感觉到，多是一些与自身居住体验无关的、单纯的社会现象，缺乏真实感。

出处

《X-Knowledge HOME》特辑第5期，2005年8月，95页“住宅的体验——生活培养建筑师”（访谈）

改变生活的住宅

难波和彦

在持续『盒子住宅系列』创作时，我强烈地感觉到，住宅设计要通过住宅为这个家族提供一个梦想。从委托方那里会清楚地知道，业主希望自己的住宅适合什么样的生活方向，于是便给业主设计了拥有一个大房间的『盒子之家』的方案，这是一个将家族成员聚集在一起，所谓一体化家族梦想的方案。它与现在家族处于解体状态的现象相抵触，明显地不能适应现在的社会现实，也很可能与社会学的观点相反。当然，有人会设计与目前生活状态相吻合的住宅。但是『盒子之家』的业主，却希望能用这样的住宅去改变生活。所以，住宅设计无论宏观还是细节，都要认真地思考。而且我认为，也不一定必须设计与现实状态相吻合的住宅。

出处

《X-Knowledge HOME》特辑第 5 期，2005 年 8 月，95 页“住宅的体验——生活培养建筑师”（访谈）

盒子之家的房间群居模式

难波和彦

『盒子之家系列』里，有所谓『盒子之家的房间群居模式』，即：虽然家族成员每个人都拥有自己专用的一块地方，但仍然是一个大房间。我在尝试着一点一点地，使家族慢慢地走向共同体，我考虑这是一种类似协会的契约式的共同体。基于某种契约关系而在一起居住，谁也不会妨碍谁，但是会相互帮助。总之，『盒子之家的房间群居模式』虽然仍是独立住宅，但是它已具有集合住宅的性质。在老龄化社会来临时，这种共同住宅可能会有一定的需求吧。这种包含着共同体幻想的住宅，我认为，是一种具有超前意识的住宅。

出处

《X-Knowledge HOME》特辑第 5 期，2005 年 8 月，95 页“住宅的体验——生活培养建筑师”（访谈）

沉静安逸的效果

路易斯·巴拉甘

我认为，建筑师在设计住宅的时候，应该将庭园看得与住宅同样重要。这样的话，就需要一点一点地提高审美价值及艺术精神方面的鉴赏力。

在设计中，必须做到住宅与庭园形成一个整体。自然，庭园也要与住宅形成一个整体。

我设计的庭园、住宅，其内部都充满着一种沉静、安逸的静谧效果，那里的喷泉，也像是在对静谧讴歌一样打动人心。

简历

路易斯·巴拉甘（Luis Barragan，1902—1988），墨西哥具有代表性的建筑师，1980 年获普利兹克奖。详见 266 页。

出处

《X-Knowledge HOME》第 13 期，2003 年 3 月，29 页“色与光的原理——阿勒曼德·C. 塞尔巴蒂访谈”；40 页“早期位于瓜达拉哈拉的”/ 贝迪迈斯

比拉尔迪住宅／路易斯·巴拉甘

印象最为深刻的景象

原广司

有这样一种景象，从空袭后已经燃烧的地方，直到还没有燃烧的地方，在很大的范围内划条线，所有的住宅都毁了。最后，邻居家的房子也毁掉了，包括我自己家在内的木结构的平顶建筑全部毁于战火。这种景象，是我记忆中印象最为深刻的！一生都难以忘怀的！

简历

原广司（1936— ），建筑师，东京大学名誉教授。1986年获日本建筑学会建筑作品奖。详见262页。

出处

《X-Knowledge HOME》特辑第5期，2005年8月，91页“住宅的体验——流浪景象培育出来的建筑师”（访谈）

在住宅下面挖防空洞

原广司

空袭的时候，人们一般都会躲在防空洞中，每家都在地下挖防空洞，在玄关的地方盖上盖子。但是，效果如何还是令人非常担心，由于兄弟们都是小孩子，为了安全起见，便将许多防空洞连接起来。大家在进入防空洞后，都把自己的名字、出生日期、血型等，写在防空头巾上。基本上每天晚上，都不知道要在那里待多长时间，直到我家也被烧毁，才逃离到田舍避难。

出处

《X-Knowledge HOME》特辑第 5 期，2005 年 8 月，91 页“住宅的体验——流浪景象培育出来的建筑师”（访谈）

为生活而奔波

原广司

随着战争的结束，粮食供应开始困难，在这种情况下怎样生活呢？保障粮食供给成了难题。人们从早至晚都在为此奔波，最后连野草都没了，即使在乡下也是如此。严格地讲，从可以吃的东西，到不可以吃的东西，都在考虑范围之内。说不好听的，最后连比较容易捉到的青蛙、昆虫都捕不到了。总之，像我这样的年轻人，白天没有什么工作可做，都在为吃的东西而四处奔走。

出处

《X-Knowledge HOME》特辑第5期，2005年8月，91页“住宅的体验——流浪景象培育出来的建筑师”（访谈）

生存优先

原广司

住宅最重要的功能是保护身体，要做到什么程度，才能满足这项功能？从总体上来说，维持生存最重要，肯定还要保障食物。所以我没想通过给自己建造住宅成为建筑师，完全没有这种意识。由于曾经有过那种非常严酷的体验，所以，就想对居住聚落进行调研，完全是在自然中求生存，自己的生存是第一位的。所以，我用的绝对不是古典建筑研究一类的方法。

出处

《X-Knowledge HOME》特辑第 5 期，2005 年 8 月，91 页“住宅的体验——流浪景象培育出来的建筑师”（访谈）

居住意味着什么

原广司

对人（含在贫民窟居住的）来说，居住意味着什么呢？在人类形成社会的同时，如何考虑居住问题、人与各种问题的关系最为重要。总之，以同样的智慧将问题并举，也就是如何做到人类平等，这是个终极问题。

出处

《X-Knowledge HOME》特辑第 5 期，2005 年 8 月，92 页“住宅的体验——流浪景象培育出来的建筑师”（访谈）

流浪者看到的景象

原广司

我之所以将住宅作为集合体来考虑，是因为身体周围、我的周围也存在着『场』。尽管不太确定别人怎么看，但场是绝对存在的。所以，在多大的半径范围内能够看到身边的情况，从而确定是否考虑集合是非常重要的。与居住相比，我认为，思考聚居更自然。于是，便规定聚居的中心是住宅。

我对住宅的这些看法，是基于流浪者看到的景象。所以，所谓鸭长明的世界，是放置于自然之中才能够看到的。所谓出家，只有真正脱离红尘才能够理解。所以，要像鸭长明那样，只有通过深入的体验，才能够看得更加明白。

出处

《X-Knowledge HOME》特辑第 5 期，2005 年 8 月，92 页“住宅的体验——流浪景象培育出来的建筑师”（访谈）

注释

鸭长明：平安时代末期至镰仓时代的日本诗人、随笔作家。后遁入佛门，著有《方丈记》。

今天看起来仍然很美

野泽正光

『哈雷·基德尔库住宅』，是集合住宅的典型案例，而且是在生活协同组合运动发起100周年时建成的。在设计建造的同时，接受入股预定。这座集合住宅群被誉为成熟的欧洲社会的典范，即使在今天，看起来仍然很美。

简历

野泽正光（1944— ），建筑师，武藏野美术大学客座教授，东京艺术大学、横滨大学外聘讲师。详见261页。

出处

《X-Knowledge HOME》第2期，2002年2月，75页“为建筑师增添魅力的哈雷·基德尔库住宅”

注释

哈雷·基德尔库住宅：1961年建成，被誉为集合住宅的金字塔。这座建在瑞士伯尔尼郊外森林之中的建筑，在与自然共生、与其他居住者之间的联系、居住方式等方面，与21世纪现代的设计理念有着很多共通之处。

哈雷·基德尔库住宅／第 5 工作室

依靠物品创造空间

古谷诚章

建筑师的作用是通过居住方式去创造适合自己的生活空间，先设计毛坯房那样的东西，再慢慢地改进。

以『创造物质空间』的思考方法，通过居住手段，用自己购买的东西，逐渐形成良好的内部空间。这种空间，是通过居住手段创造出来的属于自己的空间，用物品再造出来的空间。

简历

古谷诚章（1955— ），建筑师，早稻田大学教授，日本女子大学研究生院讲师，韩国庆熙大学客座教授。2007年获日本建筑学会建筑作品奖。详见263页。

出处

《X-Knowledge HOME》第4期，2002年4月，39页“用物品创造空间”（访谈）

选择日本的风景

堀部安嗣

建筑，并不仅仅依靠着建筑自身就行了，而是要与周围环境相协调，才能够显现出它的美。

欧洲的住宅，在欧洲那种环境中才更美。而在日本，那就要建造日本式的住宅。对于一个建筑师而言，怎样做都有个界限。因此，我最后还是想回过头来，选择日本风景的做法。

简历

堀部安嗣（1967— ），建筑师，京都造型艺术大学研究生院教授。详见 263 页。

出处

《X-Knowledge HOME》第 2 期，2002 年 2 月，9 页“新一代的建筑师 Vol.02　堀部安嗣”（访谈）

自然中有着丰富的色彩

密斯·凡·德·罗

我曾经从早到晚，一直待在范斯沃斯住宅之中，对『范斯沃斯住宅』的思想尝试着理解。在此之前，不知道自然中有那样的色彩，只是注意到室内空间要用中性色。然而，自然中什么色彩都有，而且，这些色彩总是在变化之中，是非常华丽的东西。

简历

密斯·凡·德·罗（Mies van der Rohe，1886—1969），出生于德国的建筑师。20 世纪建筑界三大巨匠之一，包豪斯最后一任校长。详见 266 页。

出处

《X-Knowledge HOME》第 17 期，2003 年 7 月，83 页“密斯在美国期间的建筑巡礼”（访谈）

注释

范斯沃斯住宅（102 页）：与赖特的流水别墅（93 页）和柯布西耶的萨伏伊别墅（119 页）一起，被誉为住宅杰作。

人类最初的艺术

藤森照信

我想象着人类最早的建筑行为。旧石器时代的人类，在洞窟中描绘的现实主义绘画中，并没有住宅、神殿或是纪念碑之类的东西。进入新石器时代以后，才开始出现人类构筑物。那个时代，最初是在大地上竖立石块。有用一块石头建造的石柱，也有建成圆形的巨石阵。

20世纪，野口勇认为，上溯到一万年之前，人类对大地的表现行为，并不是无意识的。古人选择石雕一点也不稀奇，而只是我们现在觉得很罕见罢了。

简历

藤森照信（1946— ），建筑史学家，建筑师。工学院大学教授，东京大学名誉教授。1998年获日本建筑学会论文奖，2001年获日本建筑学会建筑作品奖。详见263页。

出处

《X-Knowledge HOME》特辑第2期，2004年7月，21页“野口勇做了什么？”

20世纪艺术的起点

藤森照信

20世纪初期的艺术，主要朝着『科学技术』与『国际主义』两个方向发展，脱离了19世纪之前的那种以历史、文化、风土、地域的语言去说明世界的方式，由『血缘与大地』转向了『合理与功能』。从眼前的历史、文化、风土、地域等具体存在，转向了将存在的本质抽象化。在从存在转变至抽象这一惊心动魄的过程中，1920年代的包豪斯与康斯坦丁·布朗克斯的抽象性表现，起着非常重要的作用。

出处

《X-Knowledge HOME》特辑第2期，2004年7月，89页“雕塑家野口勇与丹下健三”

注释

包豪斯：德国1919年创建的美术学校，国际主义建筑诞生于此。

康斯坦丁·布朗克斯：20世纪具有代表性的抽象雕塑家，野口勇曾经是他的助手。

建筑是第一造型艺术

安东尼奥·高迪

建筑是第一造型艺术，雕塑和绘画依附于建筑。建筑的精彩之处取决于光。建筑是时光的整合，雕塑是对光的戏弄，而绘画则需要借助光来获得重生，这就是为什么色是由光分解生成。

简历

安东尼奥·高迪（Antonio Gaudi，1852—1926），西班牙具有代表性的建筑师。详见 254 页。

出处

《X-Knowledge HOME》 第 21 期，2003 年 11 月，44 页“从高迪的建筑中看到的光与影”/ 樱井义夫

所有的艺术都看着建筑

玛利·尼米拉斯

包豪斯是由德语里的 Bau（建筑、建造）和 Haus（建筑物）两个词组合而成的。我觉得『建筑』能够涵盖所有的造型艺术。中世纪的教堂，将当时最高水平的雕塑、绘画、室内装饰，都以『教堂』这样一种建筑的形式表现出来。格罗皮乌斯将这种工匠协同工作的关系，以新艺术家的方式，在 20 世纪复活。

简历

玛利·尼米拉斯（Marie Neumullers），1995 任包豪斯财团的研究员，2000—2002 年担任包豪斯财团宣传室主任。详见 264 页。

出处

《X-Knowledge HOME》第 8 期，2002 年 8 月，28 页“建筑作为包豪斯综合艺术现代设计的原点”（访谈）/ 大野百合子

象牙塔中的艺术家们

瓦尔特·格罗皮乌斯

包豪斯的艺术与产业结合的做法，曾经受到很多人的非难，特别是艺术家对此很是反感。艺术家已经被象牙塔隔离，脱离了社会，而我们正是要打碎象牙塔，使艺术家重新回到普通人的生活中。

简历

瓦尔特·格罗皮乌斯（Walter Gropius，1883—1969），出生于德国的建筑师，包豪斯第一位校长。他与柯布西耶、赖特、密斯一起被誉为20世纪最著名的四位建筑大师。详见256页。

出处

《X-Knowledge HOME》第8期，2002年8月，74页“格罗皮乌斯谈包豪斯”（访谈）/约翰·彼得

将艺术与生活隔开的壁垒

瓦尔特·格罗皮乌斯

在此之前的学校已经脱离了生活实际，我们要再次将他们整合到一起。生活的工具是什么？这些工具需要什么样的付出？我想，我们应该研究如何打破将艺术与生活隔开的壁垒。

包豪斯首先从工艺开始。

出处

《X-Knowledge HOME》第 8 期，2002 年 8 月，73 页“格罗皮乌斯谈包豪斯”（访谈）/ 约翰·彼得

设计活动是没有界线的

瓦尔特·格罗皮乌斯

我反对设计师给自己的设计设定界限。只做最感兴趣的事，接触的面会很窄。而我的兴趣是多方面的，喜欢面对这样或是那样的挑战。除了建筑之外，我曾经设计过几样交通工具，不仅有汽车，还有德国铁路的卧铺车。

出处

《X-Knowledge HOME》第 8 期，2002 年 8 月，77 页“格罗皮乌斯谈包豪斯”（访谈）/ 约翰·彼得

包豪斯的产、学、研

瓦尔特·格罗皮乌斯

包豪斯与数个公司签订有协议——并不只是设计图纸，而且连设计完成品的模型也一起提供给生产厂家。他们向生产厂家输送学员，对设计方法和生产工艺进行学习。学员回来以后，便在包豪斯针对工厂生产工艺的情况开发成品模型，同时，从制造商那里拿到特许权使用费。

出处

《X-Knowledge HOME》第 8 期，2002 年 8 月，77 页“格罗皮乌斯谈包豪斯”（访谈）/ 约翰·彼得

艺术运动的扩展方法

瓦尔特·格罗皮乌斯

包豪斯的设计理念怎样才能得到扩展？扩展理念之前，先要把其最根本的东西凝缩为核心价值。核心价值应包括那些最关键的东西，其余则可以省略，必须具有强大的影响力。

包豪斯的规模非常小，学生仅有 80 ~ 120 人，而且只存在很短的时间。但是，包豪斯的理念却具有强大的影响力，并且延续至今。

出处

《X-Knowledge HOME》第 8 期，2002 年 8 月，75 页“格罗皮乌斯谈包豪斯”（访谈）/ 约翰·彼得

希特勒与包豪斯

克劳斯·沃伯

包豪斯最后一任校长密斯·凡·德·罗，是一位拥有很高声誉的著名建筑师。在1933年密斯的任期内，包豪斯被纳粹关闭，结束了每天由政治原因而带来的痛苦。密斯将学校改为私立，搬迁至柏林，借用停工荒废的电话工厂继续开办了半年。后来，学校被盖世太保占领，密斯逃到了美国。

看一下曾经立志当画家的希特勒的绘画，就能够明白为什么要关闭包豪斯了，他的艺术趣味不过是那种小市民的意识。

简历

克劳斯·沃伯（Klaus Weber，1953— ），包豪斯造型艺术馆研究员。详见258页。

出处

《X-Knowledge HOME》第8期，2002年8月，35页“克劳斯·沃伯访谈”/大野百合子

包豪斯也作曲

瓦尔特·格罗皮乌斯

包豪斯还拥有自己的乐团。乐团起到了非常大的作用，并从事乐曲创作。

每当与学校发生争执的时候，我便马上计划组织庆典活动，给乐团两天的时间作准备，因此，包豪斯举办的各种活动都非常精彩。

简历

瓦尔特·格罗皮乌斯（Walter Gropius，1883—1969），出生于德国的建筑师，包豪斯第一位校长。他与柯布西耶、赖特、密斯一起被誉为20世纪最著名的四位建筑大师。详见256页。

出处

《X-Knowledge HOME》第8期，2002年8月，77页“格罗皮乌斯谈包豪斯”（访谈）/约翰·彼得

包豪斯的感觉训练

L. M. 纳吉

成人也会产生如儿童一样纯粹的情感，以及什么都不顾的观察力、想象力和创造性。

材料质感是包豪斯最重视的，其有关触觉方面的训练，是将各种材料收集起来贴在样板上，以体验压迫感、温润感、触摸感、振动感。通过对材料质感的敏锐洞察，去发现新的表现方式。人们称呼包豪斯的校长格罗皮乌斯为『喜欢游戏的儿童』。

简历

L. M. 纳吉（Laszlo Moholy Nagy, 1895—1946），出生于匈牙利的摄影家、电影作家、艺术家、教育家。其视觉造型艺术对后世影响很大。详见 265 页。

出处

《X-Knowledge HOME》第 3 期，2002 年 3 月，36 页“从素材看建筑”

高迪的圣家族教堂

加藤宏之

圣家族教堂耸立的钟塔，内部悬挂着高迪花费苦心设计的数个 20m 长的管状的钟。高迪设计的钟，与过去只能敲出一种声音的吊钟不同，可以使用电动锤敲打出各种音域，演奏出和谐的音乐。为了通风，他还在钟塔上开了很多孔洞，形成了音乐的共鸣箱。高迪为巴塞罗那带来了复杂的钟声，其创造出来的音乐一直保留到现在。总之，造型独特的钟塔，已经成为一种视觉上的神圣符号，像一架给听觉带来丰富声响的巨大管风琴。

简历

加藤宏之（1944— ），建筑师，加藤宏之建筑设计室代表。详见 257 页。

出处

《X-Knowledge HOME》 第 21 期，2003 年 11 月，47 页“通过演奏音乐追求建筑美的男人”

圣家族教堂／安东尼奥·高迪

成为伟大艺术家的方法

罗伯特・文丘里

按照现代主义的观念，如果成为伟大艺术家的话，就一定要有独创性，必须很特别。这是一种一定要与其他人有着非常大差异的强迫性的观念。我们曾经开玩笑地说：『米开朗基罗也不是独创，但无论如何他还是最棒的。』米开朗基罗设计的圣保罗大教堂穹顶，从100年前建成的佛罗伦萨的穹顶中继承了很多东西，所以不要那样奢谈独创吧。『独创这种想法也可能很好』，但是，更为重要的是一定要有现实价值。

简历

罗伯特・文丘里（Robert Venturi，1925—2018），美国建筑师。师从路易斯・康。倡导后现代主义建筑。1991 年获普利兹克奖。详见 266 页。

出处

《X-Knowledge HOME》 第 23 期，2004 年 1 月，67 页“我们与后现代主义有着非常复杂的关系”（访谈）/ 丰田启介

注释

菲利浦・布鲁乃列斯基：文艺复兴初期的建筑师、雕塑家、金属工匠。

存在规则的地方

丹尼斯·斯科特·布朗

文艺复兴时期的规则是古代建筑的柱式。虽然经过了很长的时间，但是这些柱式仍然被严格地遵守。有规则存在的地方，必然有突破。所以，到了解构主义时代，便全面突破了各种规则，没有什么是一定要坚持的。这有种向相反方向退却的意味。只因有秩序的存在，我们才能读出突破。若是根本就没有规则，也就无所谓突破。而仅仅为了退却去突破规则，则没有任何意义。这与寻求突破一样，会有很多的理由。

简历

丹尼斯·斯科特·布朗（Denis Scott Brown，1931— ），出生于赞比亚的美国建筑师、城市规划师。1969年开始与文丘里合作，进行设计、写作。详见260页。

出处

《X-Knowledge HOME》第23期，2004年1月，67页"我们与后现代主义有着非常复杂的关系"（访谈）/丰田启介

作为前卫艺术的建筑

藤森照信

立体派解构了把人物、器物作为对象的具象绘画。然而在此之前，整个绘画界已经出现了三个新动向；立体派的进一步发展，超越了存在的对象，将线、面与色纯粹化了的蒙特利安，以及康定斯基的抽象表现。包豪斯实际上是这种新动向的建筑版，席卷了20世纪全球的建筑界。而今天则是这些动向的结果，并且我们仍然迷失于其中。

建筑如此，绘画也与之相近，除了线与面及色彩的纯粹化有所停滞之外，在另外两个方向上又同时有所发展。一个是把艺术概念解体的达达主义，另一个是以具象手法描绘梦境的超现实主义。

出处

《X-Knowledge HOME》特辑第7期，2006年8月，84页“藤森照信问答——15个问题”

注释

包豪斯：1919年在德国开办的艺术学校，是国际式、现代主义建筑的诞生之地。

作为前卫艺术建筑的界限

藤森照信

前卫建筑与立体派、抽象派同行，而与达达主义和超现实主义距离较远。例外的是，日本的矶崎新在战后曾一度投身达达主义，但是很快又放弃了。所以，即便有达达主义建筑，也是转瞬即逝的，若是继续坚持，则肯定会有损声誉。因为废墟、解体，仅仅是绘画和展览中的概念意识而已。

出处

《X-Knowledge HOME》特辑第 7 期，2006 年 8 月，84 页“藤森照信问答——15 个问题”

背景文化的消失

雷姆·库哈斯

安迪·沃霍尔的波普艺术，象征着不同背景文化渐渐消失，并且转向官方的价值体系，其对照性也慢慢地消失了。两个世界的价值体系，越来越接近。同样的道理，当艺术批判者存在的意义、对体制的破坏力量等，在具有明确定义的意识面前仅起着符号象征性作用的时候，今天世界上的一切事物，便都会变得暧昧起来。

简历

雷姆·库哈斯(Rem Koolhaas，1944—)，出生于荷兰的建筑师，哈佛大学教授。2000 年获普利兹克奖。详见 266 页。

出处

《X-Knowledge HOME》第 9 期，2002 年 10 月，24 页“雷姆·库哈斯访谈——纽约引起的城市与建筑的危机”/ 太田佳代子

注释

安迪·沃霍尔：很难理解的、对现代艺术持相反看法的波普艺术家。

相互关联的关系

伊藤俊治

『艺术』与『建筑』并不是对立的，将艺术与建筑的关系进行重新梳理、再生，便会产生新的环境，发现喻示着这个时代的东西。或者说，艺术有哪些东西、建筑又有哪些东西，被赋予了原理性的定义。现在，我们能够看到的是，各个领域都改变了过去的形式，相互借鉴多种方法的情况已经成为事实。

简历

伊藤俊治（1953— ），美术史学家，东京艺术大学教授。详见 255 页。

出处

《X-Knowledge HOME》第 18 期，2003 年 8 月，78 页“艺术与建筑、美术馆预示着 21 世纪的新关系”

埃菲尔铁塔就是艺术

伊藤俊治

对于艺术与建筑一体化的、作为19世纪象征的建筑——『埃菲尔铁塔』，罗兰·巴特意味深长地指出，埃菲尔铁塔已经超越了看与被看的境界，埃菲尔铁塔就像知觉世界中的光一样，有着不可思议的作用。她并不是那种一个事物仅有一种意义的情况，而是被人们赋予了更多的意义，有着纯粹意义方面的作用。但是，这些被人们赋予的意义，多是人们根据自己的认知、想象逐渐附加给铁塔的，而且既不固定也没有结束。所以，谁都无法做出最终的定义、有着无限循环的功能。因此，埃菲尔铁塔永远存在着超越埃菲尔铁塔以上的意义的可能性。

出处

《X-Knowledge HOME》第18期，2003年8月，78页“艺术与建筑、美术馆预示着21世纪的新关系”

注释

罗兰:20世纪法国思想家，以符号学知名于世。

埃菲尔铁塔／古斯塔夫·埃菲尔

一切由光而生

安东尼奥·高迪

最好的表现效果的光线，不是从正上方或是水平方向照射过来的，而是从受光物体45°角的斜上方照射过来的。这种光线可以将物体的形态完美地表现出来。地中海地区的阳光就是这样，所以，地中海地区的人们，都有很好的造型感觉。

简历

安东尼奥·高迪(Antonio Gaudi，1852—1926)，西班牙具有代表性的建筑师。详见254页。

出处

《X-Knowledge HOME》第21期，2003年11月,44页“从高迪的建筑中看到的光与影”/樱井义夫

像真牛一样的绘画

弗兰克·劳埃德·赖特

如果我们看见像真牛一样的绘画，像买真牛一样把它买下来，而且不论是谁，看见后都有同样的感觉的话，那这幅画就没有什么价值了。

简历

弗兰克·劳埃德·赖特(Frank Lloyd Wright，1867—1959)，20 世纪建筑界三大巨匠之一，美国具有代表性的建筑师。详见 262 页。

出处

《X-Knowledge HOME》 第 11 期，2002 年 12 月，43 页“赖特与写实主义绘画”/上地直美

追求独创性

安东尼奥·高迪

应该尽力追求独创性，追求那种飞跃性的、突破的东西。与普通的做法相比，这需要付出更多的努力。

简历

安东尼奥·高迪（Antonio Gaudi，1852—1926），西班牙具有代表性的建筑师。详见 254 页。

出处

《X-Knowledge HOME》第 5 期，2002 年 5 月，30 页“高迪的名言”

什么是城市

贪婪的世界大都市

勒·柯布西耶

人类仅仅根据自己的需要来建设城市，能否带来欢乐、能否满足心理需求等追求幸福的东西，都不在考虑范围之内，他们只关注金钱和利益的得失。

人类身心最重要的东西不外乎爱、友爱或是苦恼，以及每天所处的生活氛围（家以及从窗户望出去看到的景色）。但是，这些东西全都不存在，我们所看到的，只是阴暗、贫穷、粗野，以及毫无才气的、十分糟糕的环境氛围。一点也看不出能与高贵的情感发生联系，而是充满着拜金主义的狂热。如果在这种令人悲伤的街道上，这里那里地散步的话，回家以后，一定要把这些痛苦的记忆关在门外。尽管如此，数百万的男女老幼，仍然在这样的环境里度过他们的人生，积重难返。

这种忙碌而残酷的现实，正是19世纪根植于金钱、欲望、贪婪的世界大都市的写照。

简历

勒·柯布西耶（Le Corbusier，1887—1965），出生于瑞士的建筑师、城市规划师、画家。20世纪建筑界三大巨匠之一。详见265页。

出处

《X-Knowledge HOME》特辑第1期，2004年4月，134 ~ 135页“AIRCRAFT航空摄影叙事诗之序言”

变革者的视点

勒·柯布西耶

我们希望对现代社会进行什么变革呢？

如果说，从飞翔着的鸟的视点俯瞰城市的话，城市周边广阔的地带都可以看得到。但是，那里的情况让我们感到耻辱。

我们都非常清楚城市很恶劣，轻视人们的基本需求，剥夺了我们『最根本的快乐』，城市带给人们的只是苦难。我们每天都无视于此，而且无能为力，我们完全放弃了抗争，屈辱地把自己关在家里。

我们要对城市进行抗争！

我们要对城市的责任者进行抗争！

出处

《X-Knowledge HOME》特辑第 1 期，2004 年 4 月，134 页“AIRCRAFT 航空摄影叙事诗之序言”

辉煌的未来城市

勒·柯布西耶

城市给人一种威严、充满着能量，且有着与自然对立意识的感觉。这并不是什么非常糟糕的事情，而是一种近乎胜利者宣言的精神上的象征。通过城市形象的明确表达，『平面图』可以将土地上的新秩序表现出来。划分狭小的地块，将10～15m之外的门以及像排水沟一样散发着恶臭的街道，统统去掉。代之以全新的空间尺度，使城市建筑充满活力，进而扩大这样的规划规模，使之成为能够成功构筑公共幸福的辉煌时代。基于国民当然的权益，去创造那种被欢乐包围着的、关系亲密、值得夸耀的城市建筑。

出处

《X-Knowledge HOME》特辑第1期，2004年4月，135页“AIRCRAFT航空摄影叙事诗之序言”

城市是一种道具

勒·柯布西耶

我们的规划方案，是要将城市变为供人们使用的道具。

这种想法开始于数年之前，在布宜诺斯艾利斯讲演的时候。这之后，在做俄罗斯政府委托的莫斯科扩展规划时，我又将技术性的细节进行了完善。

出处

《X-Knowledge HOME》第 9 期，2002 年 10 月，35 页“‘摩天楼太小了’，初次见到柯布西耶时谈到的话题”（纽约先驱论坛，1935 年 10 月 22 日）

为了人类的幸福

勒·柯布西耶

我们建设的城市，不论在什么国家得以实现，说明我们是在为人类自身的幸福进行规划设计，在经过规划设计的城市中，人们能够享受到自己的劳动成果。所以，不管什么形态的社会，只要能够实施我们合理的规划方案，就是正确形态的社会。

出处

《X-Knowledge HOME》第 9 期，2002 年 10 月，35 页“‘摩天楼太小了’，初次见到柯布西耶时谈到的话题”（纽约先驱论坛，1935 年 10 月 22 日）

我们也是后现代主义者

丹尼斯·斯科特·布朗

我们的立场（文丘里和布朗），是对现代主义那些陷于严重形式主义的权威提出不同的意见。第二次世界大战以后，许多现代主义建筑师都参与了城市的规划设计。他们将公园那样的公共空间，以及摩天大楼这种柯布西耶确立的城市概念，原封不动地应用在城市规划之中。很多人都盲目地相信，这样的城市可以提供最好的、充满阳光的健康生活环境。『且不管市民们是否明白，只要我们认为好就行了。』当时，我们对此种做法是很反感的。现实社会是多样复杂的，我们有我们的价值观，其他人也有他们的价值观，而且会一点一点地从那些固定观念中解放出来，于是，我们便会发现一个更加丰富多彩的社会。这种看法，如果以后现代主义的定义去衡量的话，那我们也是后现代主义者。

简历

丹尼斯·斯科特·布朗（Denis Scott Brown，1931— ），出生于赞比亚的美国建筑师、城市规划师。1969 年开始与文丘里合作，进行设计、写作。详见 260 页。

出处

《X-Knowledge HOME》第 23 期，2004 年 1 月，67 页“我们与后现代主义有着复杂的关系”（访谈）/ 丰田启介

摩天楼太密集

勒·柯布西耶

纽约是人类权利、资本、勇气和冒险心的最佳表现形态。但是在那里，却缺少秩序与和谐，以及可以使卷入其中的人们的灵魂得到安宁的氛围。摩天楼不能像针一样密集地集中在一起，而应该像巨大的金字塔那样，彼此拉开一定的距离，以保障城市中拥有空间、光阳、空气和秩序。这些与面包和休息场所一样，是人类生存必需的东西。所有这一切，都包含在我的《光辉的城市》一书之中。

简历

勒·柯布西耶（Le Corbusier，1887—1965），出生于瑞士的建筑师、城市规划师、画家。20世纪建筑界三大巨匠之一。详见265页。

出处

《X-Knowledge HOME》第9期，2002年10月，35页“‘摩天楼太小了’，初次见到柯布西耶时谈到的话题”（纽约先驱论坛，1935年10月22日）

之所以摩天楼太密集

八束初

为什么纽约的摩天楼会过于密集呢？因为没有留出充足的空间，使人感觉哪儿都不太合理。当然，这与艺术并不相关。如果将空间扩大的话，就会看到现代版《格列佛游记》中的小人国，这就是不能墨守简朴的真理的社会现实。所以，摩天楼才会非常密集。如果对柯布西耶的白色立方体的住宅也提出同样的要求，将空间水平方向扩展，那么柯布西耶作为一个设计师、作为一个市民搞出来的东西又会怎样。其实，这些或许是不应该属于任何人的。

简历

八束初（1948— ），建筑师，芝浦工业大学教授，东京大学丹下健三的关门弟子。详见264页。

出处

《X-Knowledge HOME》特辑第1期，2004年4月，163页“今天更有意义，读柯布西耶的美国城市论——《有意思的平面布局》书评”

城市趋向于小型化

保罗·索莱里

自然界的生命都在不断地进化，形成了复合化、小型化的高效系统。而同时，城市和人类社会也是这样，作为文化精神的进化器充满着活力，向着小型化、综合化的方向发展。

简历

保罗·索莱里（Paolo Soleri，1919— ），出生于意大利的建筑师，师从赖特。详见261页。

出处

《X-Knowledge HOME》第8期，2002年8月，118页“进化的城市”/田村富昭

巴特曼漫画

雷姆·库哈斯

『关于纽约的天际线』

有一种看法，Art Deco（装饰艺术）形式的建筑直到今天也没有发展到支配性的地位，而从开始建造时算起，已经过去了70年。我自己对它的评价很高，在世界性大都市里，这些建筑就像是纽约的巴特曼漫画。

简历

雷姆·库哈斯(Rem Koolhaas，1944—)，出生于荷兰的建筑师，哈佛大学研究生院教授，2000年获普利兹克奖。详见266页。

出处

《X-Knowledge HOME》第9期，2002年10月，24页“雷姆·库哈斯访谈——纽约引起的城市与建筑的危机”/太田佳代子

从『9·11』事件看到的东西

雷姆·库哈斯

『9·11』事件虽然是人类社会的一个重大悲剧，但是，我认为美国的建筑实际上在很久之前就已经深陷危机，只是由于这一事件，才使得问题暴露了出来。这是一个无解的话题，但还是要为此不假思索地说一说，纽约已经数十年处于没有理论的状态了，建筑师对于这里的街区应该怎样设计也全都不明白。到今天，这种状况已经过去30年了，我想我们大约可以从中看到『9·11』事件的起因。

出处

《X-Knowledge HOME》第9期，2002年10月，21页“雷姆·库哈斯访谈——纽约引起的城市与建筑的危机”/太田佳代子

注释

“9·11”事件：2001年9月11日在美国多个地点同时发生的恐怖袭击事件。

超高层建筑支配的世界

雷姆·库哈斯

建筑物的高低，意外地变成了一个很暧昧的东西。『9·11』事件以后，美国人对继续建造超高层建筑是否有益，也没有想明白。但是，美国之外的许多国家，却把超高层建筑作为一种理想的模式。这样下去，在不知不觉之中，超高层建筑就会慢慢地侵占全世界。

超高层建筑正在支配着一个不去思考的世界。

出处

《X-Knowledge HOME》第 9 期，2002 年 10 月，24 页“雷姆·库哈斯访谈——纽约引起的城市与建筑的危机” / 太田佳代子

经常变换形态的东西

汉斯·霍莱因

所谓生长着的城市，指的是其形态始终处于变化之中。但是，这种变化并不是不要过去，不应该将过去完全忘掉。

简历

汉斯·霍莱因（Hans Hollein，1934— ），奥地利具有代表性的建筑师，1985年获得普利兹克奖。详见262页。

出处

《X-Knowledge HOME》第16期，2003年6月，69页“汉斯·霍莱因访谈”

什么是人类

这个时代喜爱的东西

奥斯卡·尼迈耶

勒·柯布西耶常说：『奥斯卡·尼迈耶的潜在意识中，有里约热内卢的山峦曲线。』但是，我自己并不这样认为。安德烈·马尔罗曾说：『我们的潜意识中，都有我们这个时代喜爱的东西。』不管怎么说，我都认为后者更有道理。

简历

奥斯卡·尼迈耶（Oscar Niemeyer，1907—2012），巴西具有代表性的建筑师。1988 年获普利兹克奖。详见 257 页。

出处

《X-Knowledge HOME》 第 22 期，2003 年 12 月，30、31 页“奥斯卡·尼迈耶访谈”

注释

安德烈·马尔罗：法国作家，戴高乐政府的文化部长。

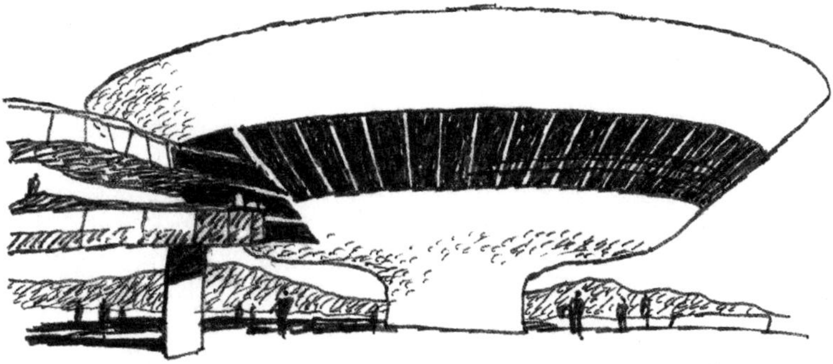

里约热内卢当代美术馆／奥斯卡·尼迈耶

持续的挑战

阿尔瓦·阿尔托

对于我们的未来，并不只是乐观的或是悲观的。为了迎接更好的社会，我们要以自发的意志进行调整，我们必须要面对持续的挑战。

简历

阿尔瓦·阿尔托（Alvar Aalto，1898—1976），北欧具有代表性的芬兰建筑师。详见254页。

出处

《X-Knowledge HOME》第1期，2002年1月，53页“简述阿尔瓦·阿尔托的生涯”/尤拉·西尔兹

夏之家／阿尔瓦·阿尔托

今天是你，明天是我

E. G. 艾斯普拉德

今天是你，明天是我。

这是 E. G. 艾斯普拉德亲手设计的『森林教堂』门上铭刻的一段话。当时艾斯普拉德的幼子因病身亡。『今天是你去世，明天是我去世。』作为人类，出生以后，死亡是谁也逃避不了的。

今天是我，明天是你。

同样，在『森林火葬场』入口门厅附近，计划建造的一个纪念柱设计草图上记载的一段话，是针对造访者说的『生死相随』的言论。关于『生与死』这一宏大的主题，艾斯普拉德将其一生都奉献于此。这座『森林墓地』，是北欧建筑的代表性作品。

简历

E. G. 艾斯普拉德(Enik Gunnar Asplund 1885—1940)，北欧具有代表性的瑞典建筑师。详见256页。

出处

《X-Knowledge HOME》 第 20 期，2003 年 10 月，27 页“建筑——像艾斯普拉德那样的建筑师”/川岛洋一

森林教堂／ E. G. 艾斯普拉德

我们的经验

野口勇

我们的经验都是有限的，只能见到提示过的东西。但是，在我们看来却非常担心，因为经验完全不是我们自身的东西。这样一来，它就变成了『抽象性』的。总之，因人而异。

简历

野口勇（1904—1988），雕塑家、艺术家。其父是日本人，母亲是美国人。详见 255 页。

出处

《X-Knowledge HOME》特辑第 2 期，2004 年 7 月，87 页"野口勇见到的日本建筑与园林"/伊藤从野口勇撰写的《日本建筑的根》一书（英文版）序言中摘译

一个人的人生足迹

野口勇

超越几个世纪的时间，我们尝试着看看，日本建筑空间的伟大建造者、造型家要对我们说些什么。实际上，在庭院和在室内散步的时候，我们都能够感觉到一个人的人生足迹。

出处

《X-Knowledge HOME》特辑第 2 期，2004 年 7 月，87 页"野口勇见到的日本建筑与园林"/伊藤从野口勇撰写的《日本建筑的根》一书（英文版）序言中摘译

童话般的惊异感觉

路易斯·康

如果就建筑之外我想做什么而言，那就像写一部新的童话一样。不论怎样，飞机、机动车等，我们设计出来的那些奇妙的工具，都会给人以童话般的惊异感觉。

简历

路易斯·康（Louis Kahn，1901—1974），美国建筑师，城市规划师，是继赖特、柯布西耶、密斯之后的建筑设计大师。详见265页。

出处

《X-Knowledge HOME》第23期，2004年1月，16页“20世纪最后的建筑巨匠路易斯·康”

人可以分成两种类型

安东尼奥·高迪

人大致可以分成两种类型，说的人和做的人。第一种类型的人，谈起道理来喋喋不休；第二种类型的人，会把理想付诸行动。我属于后面这种类型。

简历

安东尼奥·高迪（Antonio Gaudi，1852—1926），西班牙具有代表性的建筑师。详见 254 页。

出处

《X-Knowledge HOME》第 5 期，2002 年 5 月，29-33 页“安东尼奥·高迪的名言”/ 帕塞克特

习惯了复杂的东西

雷姆·库哈斯

如今，人类已经不满足于单一的事物。尽管仍然想着要有唯一的答案，但实际上，在找到一个答案之后，马上就去寻找与之相反的解答，同时，还思考着两个不同解答组合起来会怎样。习惯于有趣味的、复杂的、综合性的东西，并且像外科医生那样需要处理得非常精密且比较平和，同时又不激烈，这种情况在现实中是不存在的。

简历

雷姆·库哈斯(Rem Koolhaas，1944—)，出生于荷兰的建筑师，哈佛大学研究生院教授。2000年获普利兹克奖。详见266页。

出处

《X-Knowledge HOME》第9期，2002年10月，22页“雷姆·库哈斯访谈——纽约引起的城市与建筑的危机”/太田佳代子

怎样做都不会差

雷姆·库哈斯

在市场经济处于支配地位的社会里，不可能由某一种思想起决定性作用，我们无论怎样做都会显得微不足道。虽然拥有高度技术，但是基本上没有使用的能力。存在着所谓的中间地段，却没有内容。不过，说实话急需编撰一个新故事，为了这个目的，则有必要修改旧故事，以验证信赖性和可行性。

出处

《X-Knowledge HOME》第 9 期，2002 年 10 月，23 页“雷姆·库哈斯访谈——纽约引起的城市与建筑的危机”/ 太田佳代子

无论何时都是幻想

雷姆·库哈斯

今天的我们，不管喜欢还是不喜欢，都必须结为伙伴，不论到哪里都不能板起面孔。哪怕是一根筋的人，也不能使个人的水准受到些许影响。如果这就是我们的理想，那无论到什么时候都是幻想。

出处

《X-Knowledge HOME》第 9 期，2002 年 10 月，24 页“雷姆·库哈斯访谈——纽约引起的城市与建筑的危机”/ 太田佳代子

真正的英雄

勒·柯布西耶

成功的冒险有如下几个步骤：『我想做这样的事，为了某种目的去做充分的准备，把握好时机，将决定要做的事情予以实现。成功了之后，在决定性的时刻及场所中，不是以失败者而是以胜利者的姿态冷静地面对。』真正的英雄，廉洁、清高、自制，不会受伤，也不会靠流血去搞颠覆，总是保持着神一样的微笑。其实，具有坚韧精神的人也一样。

简历

勒·柯布西耶（Le Corbusier，1887—1965），出生于瑞士的建筑师、城市规划师、画家。20世纪建筑界三大巨匠之一。详见 265 页。

出处

《X-Knowledge HOME》特辑第 1 期，2004年 4 月，133 页“AIRCRAFT 航空摄影叙事诗之序言”

建筑并不重要

奥斯卡·尼迈耶

建筑并不那么重要，真正重要的东西是：友谊、家庭、朋友，以及人生。

简历

奥斯卡·尼迈耶（Oscar Niemeyer，1907—2012），巴西具有代表性的建筑师。1988 年获普利兹克奖。详见 257 页。

出处

《X-Knowledge HOME》 第 22 期，2003 年 12 月，41 页。“奥斯卡·尼迈耶访谈”

为什么？我们是谁？

藤森照信

人们睡觉之前看到的景色与起床之后看到的景色是一样的，人们还是要确认自己是否是睡觉之前的自己。

人们总是问『为什么？我们是谁？』总是认为，建筑与城市是不会改变的。

人的特点是，在建筑街区之中并不会去追究建筑的好坏。建筑也好，街区也好，或扩大到自然环境，与之对应，人就是人，我就是我。

简历

藤森照信（1946— ），建筑史学家，建筑师。工学院大学教授，东京大学名誉教授。1998 年获日本建筑学会论文奖，2001 年获日本建筑学会建筑作品奖。详见 262 页。

出处

《X-Knowledge HOME》第 4 期，2002 年 4 月，51 页“建筑是什么——藤森照信访谈”

人类属于个别存在

藤森照信

20世纪也许可以称作『科学的时代』，就建筑而言，或可称为『国际式的时代』。但是，人类生存在特定的区域，并培育出了固有的文化，有需要的时候会在自己内部解决。所以，国际式只是一种抽象的表达，而人则是个别的存在。

出处

《X-Knowledge HOME》第2期，2002年2月，21页"勒·柯布西耶的后期建筑"

注释

国际式：世界通用的建筑形式。

什么是教育

治愈受伤的环境

阿尔瓦·阿尔托

芬兰的自然风景总是围绕在我们身边，人们学会了从周围环境中汲取那些有用的东西。我们应该能够探寻环境的适度平衡，治愈我们自己破坏了的、受到了伤害的环境。

简历

阿尔瓦·阿尔托（Alvar Aalto，1898—1976），北欧具有代表性的芬兰建筑师。详见 254 页。

出处

《X-Knowledge HOME》第 1 期，2002 年 1 月，54 页“简述阿尔瓦·阿尔托的生涯”/ 尤拉·西尔兹

玛依拉住宅／阿尔瓦·阿尔托

神赋予植物技能

约恩·伍重

我从父亲那里经常听到：『在原野上拍摄花卉、植物的照片，要对植物一棵一棵地仔细研究。』这是对植物的构造进行分析，在之前的R.普罗库也一样，对各种要素认真研究之后，便会发现那些绮丽的组合关系。

植物是神创造出来的，其中存在着基本的构造原理，基于此才会有象征的表现形式。与之相对，工业制品如果采用同样的方式，可能也会创造出更加经济的建筑。

这实际上是在教我们建筑中最基本的东西，向自然学习的情况是很多的。

简历

约恩·伍重（Jorn Utzon，1918—2008），丹麦建筑师,2003年获普利兹克奖。详见265页。

出处

《X-Knowledge HOME》第19期，2003年9月，51页“约恩·伍重访谈”

学校的起源

路易斯·康

学校来自并不想当教师的教师，与并不想做学生的学生一起在大树下对话的场面。

简历

路易斯·康（Louis Kahn，1901—1974），美国建筑师，城市规划师，是继赖特、柯布西耶、密斯之后的建筑设计大师。详见265页。

出处

《X-Knowledge HOME》特辑第2期，2004年7月，116页“渐行渐远的路易斯·康与越来越热的建筑”/工藤国雄

与调查相比，探索更重要

瓦尔特·格罗皮乌斯

如果有新理念，就必须要尝试一下新在何处。例如：学校在选择学生的同时，也要选择最优秀的教师。这些教师一旦在学校进行新的探索，就会给人以执行某种理念的印象。与调查研究相比，探索更加重要，我常常这样说。

简历

瓦尔特·格罗皮乌斯（Walter Gropius，1883—1969），出生于德国的建筑师，包豪斯第一位校长。他与柯布西耶、赖特、密斯一起被誉为20世纪最著名的四位建筑大师。详见256页。

出处

《X-Knowledge HOME》第8期，2002年8月，75页“格罗皮乌斯谈包豪斯”（访谈）/约翰·彼得

将学生放到游泳池中

瓦尔特·格罗皮乌斯

包豪斯会将所有不会游泳的学生放到游泳池中锻炼。当然，在学生快被淹的时候，就不要吝惜相助，这是让学生发挥潜力的客观方法。

出处

《X-Knowledge HOME》第 8 期，2002 年 8 月，73 页“格罗皮乌斯谈包豪斯”（访谈）/ 约翰·彼得

不要强加给学生

瓦尔特·格罗皮乌斯

包豪斯对一个个不同的学生，会采用各种不同的方法进行指导。但是，总是会有一些学生得不到客观的信息，教师不要将自己的方法强加给学生。

出处

《X-Knowledge HOME》第 8 期，2002 年 8 月，73 页“格罗皮乌斯谈包豪斯”（访谈）/ 约翰·彼得

包豪斯名称的由来

瓦尔特·格罗皮乌斯

包豪斯这个词是我创造的，德语的 bauen 比英语有着更广的含义。bauer 是农民，bauen 的意思很广，包含着从我们到构筑人类的意思，用以表现这是一所不论什么学科，都可以被吸收进来的学校。bauen 比英语的 architecture 或是 building 的含义都更广阔，这就是包豪斯名称的由来。bauen 之家，说到底，就是广义的建筑之家。

出处

《X-Knowledge HOME》第 8 期，2002 年 8 月，73 页“格罗皮乌斯谈包豪斯”（访谈）/ 约翰·彼得

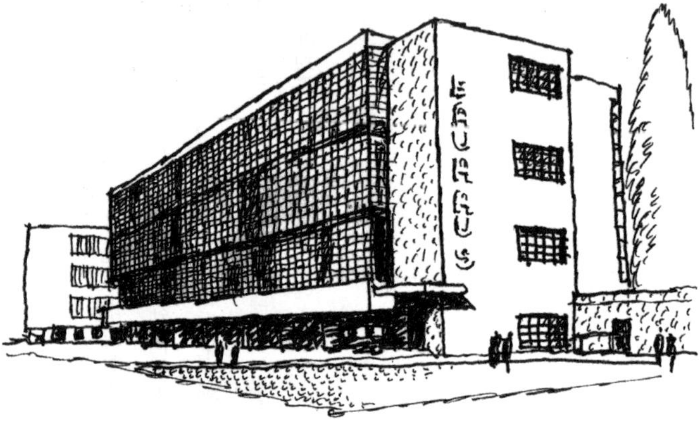

包豪斯校舍 / 瓦尔特 · 格罗皮乌斯

包豪斯伟大影响的证明

哈迪·泰赫拉尼

鲜明的线条、明确的设计表现力，借助于彻底简化各种装饰主义的东西，从而产生那种材质本身的美感——包豪斯的设计与建筑界相抗衡。这是在此之前甚至以后的各种运动以及教育中都不曾有过的，包豪斯对我们产生的巨大影响已经成为一段传说。

简历

哈迪·泰赫拉尼（Hadi Teherani，1956— ），出生于德国的建筑师。详见261页。

出处

《X-Knowledge HOME》第8期，2002年8月，55页“解读包豪斯的功能主义——泰赫拉尼访谈”

让学生去现场

瓦尔特·格罗皮乌斯

我认为应该尽量多地学习有关建筑工程方面的知识。从制图开始，直到屋顶防水的构造做法，都必须十分认真地学习。如果不见到实物，工程上的各种关系就很难搞明白。所以，一定要到不同的建筑工地现场去参观。但是，哈佛大学的学生没有接受过这样的教育。

简历

瓦尔特·格罗皮乌斯（Walter Gropius，1883—1969），出生于德国的建筑师，包豪斯第一位校长。他与柯布西耶、赖特、密斯一起被誉为20世纪最著名的四位建筑大师。详见256页。

出处

《X-Knowledge HOME》第8期，2002年8月，77页"格罗皮乌斯谈包豪斯"（访谈）/约翰·彼得

像工匠师傅一样

高山正实

密斯说话很少，我曾在1957年到1958年之间直接接受过他的教诲。密斯教课的时候，比如学生在做设计，密斯会拿着模型，向学生展示钢结构角部的节点。这时我们都在静静地等待，突然，密斯说道：『将这个角组装进去，这里刷不刷涂料呢』？密斯只谈实际问题，而不说其他的，从没谈过什么深奥的哲学问题，给人的感觉，就像是工匠师傅对待徒弟。

简历

高山正实（1933— ），建筑师，芝加哥建筑研究所代表，师从密斯·凡·德·罗。详见259页。

出处

《X-Knowledge HOME》第17期，2003年7月，87页"美国时期的密斯·凡·德·罗——高山正实访谈"/丰田启介

最难的事
高山正实

首先是谁提的问题呢？密斯说完之后，开始默默地思考。这时候，大家都在恭恭敬敬地等待。思考的时候，周围就像没有人一样安静。10分钟、15分钟过去以后，才开始回答刚才的问题，而且回答得非常简洁。总之，他经过认真的思考之后，才回答问题。我曾经听过一个说法，不知是谁提的问题，『到目前为止最困难的事是什么？』当时密斯也是思考了相当长的时间，然后开口回答说：到目前为止最难的事，是克服恐惧引起的变化。他的原话是『To resist against change』。

出处

《X-Knowledge HOME》第17期，2003年7月，87页“美国时期的密斯·凡·德·罗——高山正实访谈”/丰田启介

不仅仅回答问题

密斯·凡·德·罗

我一直在认真地思考『怎样做才能让学生学到、做出好建筑的教学方法』。仅就这个问题而言，首先要花一年的时间教授绘图的方法，在学生掌握了绘图的方法以后，再教授石、砖、木等建筑材料的应用方法，以及一些工程技术方面的知识。然后，讲解混凝土结构、钢结构，以及建筑功能方面的知识。第三年教授有关空间、比例方面的内容。最后一年，则结合有关建筑的各个方面加以综合训练。我并不认为这样的课程安排很艰苦，我觉得学生们对与建筑相关的问题都很有兴趣，不能仅仅回答问题，而且要教授学生解决问题的方法。

简历

密斯·凡·德·罗（Mies van der Rohe，1886—1969），出生于德国的建筑师。20 世纪建筑界三大巨匠之一，包豪斯最后一任校长。详见 266 页。

出处

《X-Knowledge HOME》第 17 期，2003 年 7 月，80 页“密斯语录——建筑是什么”（访谈）/彼得·布莱库

自然就是教科书

弗兰克·劳埃德·赖特

外出散步旅行时，我常常会惊奇地发现新事物。每天都要出去散步。

仔细地观察，不让任何事物逃过我的眼睛，哪怕是脚下很小的东西，我也不会放过。

自然就是教科书，其中的一些书页里详细记载着成长的历程及其丰富性。

在自然界，若给建筑师以信任和助力的话，就会产生非常美丽的单纯的基本形态。

简历

弗兰克·劳埃德·赖特(Frank Lloyd Wright，1867—1959)，20世纪建筑界三大巨匠之一，美国具有代表性的建筑师。详见262页。

出处

《X-Knowledge HOME》第12期，2003年1月，18页“赖特讲演集①：关于沙漠与亚利桑纳”

西塔里埃森／弗兰克·劳埃德·赖特

城市景观中充满了善意的模仿

森川嘉一郎

建筑师们的流行做法，会被设计事务所引用，稍晚一些，又会被建设公司的设计部模仿。这样一来，城市中便大量充斥着善意模仿之前建筑师作品的设计。

往大了说，现在东京的高层办公楼，基本上都是密斯风格的仿制品。密斯的设计在美国最先被 SOM 等事务所模仿，之后才普及开来，进而由日本的工程承包商移植到日本，形成了今天东京的城市景观。

简历

森川嘉一郎（1971— ），明治大学国际日本学部副教授。详见 264 页。

出处

《X-Knowledge HOME》第 7 期，2002 年 7 月，24 页“东京未来的城市景象”

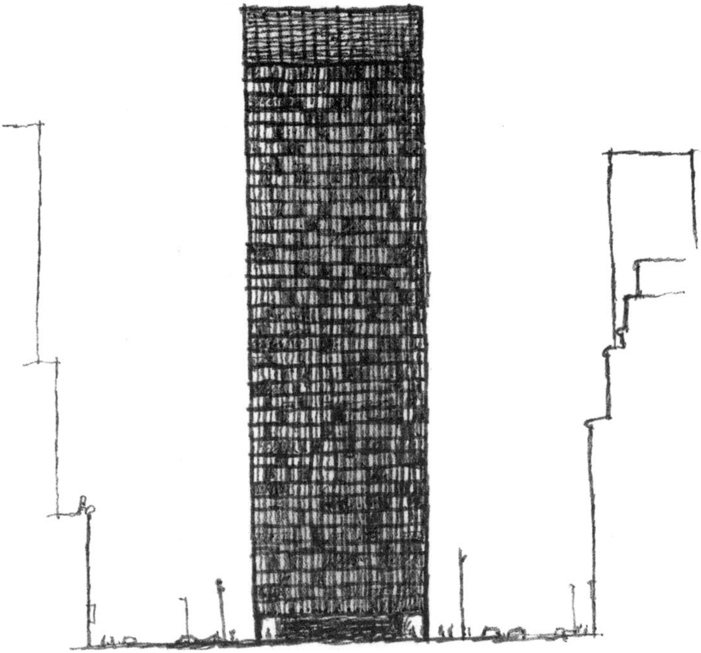

西格拉姆大厦／密斯・凡・德・罗

世界性的迪士尼乐园化

森川嘉一郎

迪士尼55周年开园纪念时，建筑师们都认为其建筑风格恶俗，予以蔑视。但是，20世纪90年代，盖里、格雷夫斯、矶崎新等世界一流的建筑师们开始被迪士尼公司聘用，在办公楼、主题公园等建筑设计中，引入了迪士尼的做法，从而使情况发生了逆转。这种动向被称为后现代建筑形式，被归纳为流行性的装饰设计。这种做法在日本也曾被广泛地模仿。

出处

《X-Knowledge HOME》第7期，2002年7月，24页“东京未来的城市景象”

注释

盖里：美国建筑师，1989年获普利兹克奖。

格雷夫斯：美国建筑师，后现代主义建筑代表人物之一。

迪士尼音乐厅 / 盖里

日本有日本的特色

CKR

虽然日本人做事情是完全无意识的，但是，我们所见到的日本，却全都有着日本所特有的东西。

日本人的设计，一看就知道是日本的，其尺度、形态和比例关系，与其他国家的全都不一样。

我儿子昨天买了个神田的玩偶，我想这是『武士』一类的东西。那种风格与任何一个国家的设计都不同。

养育了我们的瑞典，过去是个贫瘠的国家，所以，创作的东西都很少装饰，比较简单，我们现在仍然将这一传统继续保持了下去。

简历

CKR（Claesson Koivisto Rune）——从事建筑等相关领域的瑞典设计组织。详见 258 页。

出处

《X-Knowledge HOME》第 20 期，2003 年 10 月，53 页“CKR 见到的日本”/ 中君江

没有公共空间的街道

赫尔佐格与德梅隆

东京这座城市，很难让人捕捉到一个整体的东西，这里只是些片断，捕捉不了。以欧洲人的眼光来看，会觉得很惊奇，因为缺少广场、拱廊等公共空间。

表参道这里，建筑物本身的品质不一定很高，很多细节、局部却很有魅力。我们将周围的建筑隐藏起来，设计了一个『苔庭』，在建筑的前面形成一个小广场，就是对公共空间欠缺的一个回应。

简历

赫尔佐格与德梅隆（Herzog & de Meuron）——瑞士的建筑设计组织，2001 年获普利兹克奖。详见 263 页。

出处

《X-Knowledge HOME》第 18 期，2003 年 8 月，40 页“对话赫尔佐格”/ 港千寻

东京没有广场

雅各布·凡·路易斯（MVRDV）

欧洲城市中地价相对低的部分，有各种各样的集合场所，但是在东京，可以说，基本上见不到这样的地方。当然，东京也有聚集场所，比如街道中的人就非常多，很拥挤，却没有广场，这是很大的差别。而且，欧洲的广场在街区的中央，那里有集市、教堂。东京的市场在室内，这也体现出巨大的差异。如果说到城市中心的话，东京的中心是皇居，也可以说是『空』的，与欧洲城市感觉是为了追求中心性而建造的性质完全不同。

简历

MVRDV——荷兰的建筑设计组织。详见256页。

出处

《X-Knowledge HOME》特辑第6期，2005年12月，22页“建筑师谈公共空间——赖斯访谈”/平野启一郎

东京的街道让人心情愉快

雅各布·凡·路易斯（MVRDV）

东京有许多人流密集、充满着活力的街道，与欧洲相比，东京的街道更让人心情愉快。一般来讲，亚洲的街道都非常热闹，从视觉上可以看到，各种各样的事情会同时发生。在那里有安详的感觉，可以非常放松。同时，热闹的环境也增添了空间活力。如果去荷兰的繁华街道的话，由于比东京街道上的人少了很多，所以就必须要时刻保持警惕。走路的时候，总要有意识地注意。日本人在欧洲旅游时，常常遭到偷盗，就是因为没有那种自我防范的习惯，才导致这种事情屡屡发生。而我们来到东京以后，却感到对这里的安全性完全没有必要担心。东京街道的活力，就在于安全性及其中的各种关系。

出处

《X-Knowledge HOME》特辑第 6 期，2005 年 12 月，22 页“建筑师谈公共空间——赖斯访谈”/ 平野启一郎

漂亮的现代建筑

丹尼斯·斯科特·布朗

我们（文丘里与布朗）对大众化的现代主义特别有兴趣，东京的那些小型商业建筑，其品质怎么说也不算很好，却是很漂亮的现代建筑。洗练的建筑一点也不缺少活力呦！铅笔杆式的瘦高建筑、鳗鱼床式的日式商铺等，建筑物中都充满了欢乐的气氛，有着一种独特的精神。

简历

丹尼斯·斯科特·布朗（Denis Scott Brown，1931— ），出生于赞比亚的美国建筑师、城市规划师。1969年开始与文丘里合作，从事设计、写作活动。详见260页。

出处

《X-Knowledge HOME》第23期，2004年1月，67页“我们与后现代主义有着非常复杂的关系（访谈）”/丰田启介

百万人的设计都市

丹尼斯·斯科特·布朗

我在学习城市规划的时候，教授常说，一个城市中最好有1000名设计师，然而，东京却大概有100万名设计师。从整体上来看，具有多样化的个性，这并不是说要分出是谁设计的东西，而是要创造出一种整体秩序。作为城市规划师，我对于为什么会形成这样的秩序很感兴趣，多种不同建筑的杂乱并置，能够包容如此多样性的秩序，不也是很有意思的吗？

出处

《X-Knowledge HOME》第23期，2004年1月，67页“我们与后现代主义有着非常复杂的关系（访谈）”/丰田启介

偏执的地方

布鲁斯·莫

纽约与东京有个很有意思的共同点，那就是，都有非常偏执的地方。

东京的地域性与文化有着很大关系。东京有着非常深厚的文化底蕴，基于此，其街道在国际化的大背景下，才会仍然固守着那些传统的意味。

可能有两种力量能够打破这种状况，一个是东京街道不得不应对的外力——经济；另一个是源于内部的使东京对外开放的作用力——文化。

不论东京从外面汲取什么东西，最后都会被翻译成东京的东西，但同时，其内部却滋生着寻求变化的动力。

简历

布鲁斯·莫（Bruce Mau，1959— ），出生于加拿大的设计师，超越平面设计的范畴，从事城市规划、出版等多种设计活动。详见 263 页。

出处

《X-Knowledge HOME》第 9 期，2002 年 10 月，86 页“布鲁斯·莫谈纽约——产生矛盾的可能性”（访谈）/ 丰田启介

未来的古典东京

布鲁斯·莫

我感觉，东京在新技术和人的意志之间，非常均匀地存在着古典风韵的微妙关系。

即使在未来，也会让人感受到昔日的风韵。城市的整体就像罩上了一层网，既新鲜又传统，在高技术的外表之下，隐藏着低技术，给人以一种同时存在的奇妙状态的印象。

出处

《X-Knowledge HOME》第 9 期，2002 年 10 月，88 页“布鲁斯·莫谈纽约——产生矛盾的可能性”（访谈）/ 丰田启介

翻译过去的东西

汉斯·霍莱因

过去的东西不仅要保存，还应该对其进行翻译，这样才能在联系着未来的同时，又面向历史。例如，日本的传统建筑中，巨大的建筑建造得不多，使用的建筑材料也多是柔性的材料。所以，在日本或许可以说，建筑物的更替建造是其传统。还可以从文字上来看，日本至今仍将汉字与平假名和片段名并用，使世上少有的稀有文化保存并延续了下来，又创造出了一种新文字。总之，这种做法是非常独特的坚持传统的做法。

简历

汉斯·霍莱因（Hans Hollein，1934— ），奥地利具有代表性的建筑师，1985 年获普利兹克奖。详见 262 页。

出处

《X-Knowledge HOME》第 16 期，2003 年 6 月，69 页“汉斯·霍莱因访谈”

哈斯大楼／汉斯·霍莱因

日本传统建筑的力量

藤森照信

赖特是最早对日本传统建筑中蕴藏着的、欧洲建筑所没有的那种现代性感兴趣的建筑师。赖特到日本参观学习之后，创作的早期作品在德国结集出版，其平面与立面表现出来的开放性与流动性，对荷兰的风格派产生了很大的影响。此后，德国表现主义的密斯、格罗皮乌斯等人，从表现主义转而创建了包豪斯学派。总之，就世界范围来讲，在现代主义建筑确立的初期，日本传统对现代建筑运动的发展起到过一定的作用。

简历

藤森照信（1946— ），建筑史学家，建筑师。工学院大学教授，东京大学名誉教授。1998年获日本建筑学会论文奖，2001年获日本建筑学会建筑作品奖。详见262页。

出处

《X-Knowledge HOME》特辑第5期，2005年8月，17页“解说日本的现代住宅——不可思议的变迁”

注释

风格派：建筑师利德普埃特、画家蒙德里安等人参加的抽象艺术运动。以几何学的设计和原色的运用为特征。

德国表现主义：强调主观的表现及有机的形态，许多建筑师都有着多样化的展开。

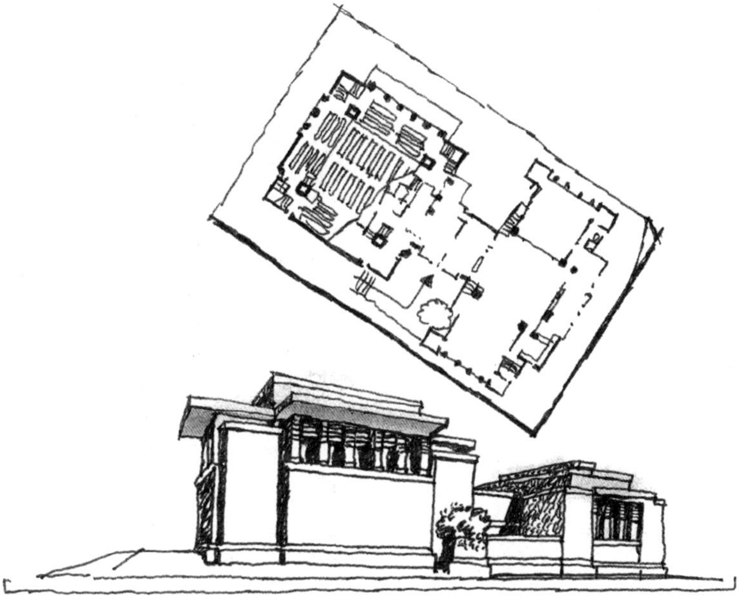

联合教堂／弗兰克·劳埃德·赖特

包豪斯的正仓院

克劳斯·沃伯

1921年，格罗皮乌斯与阿道夫·迈耶一起设计的『索马埃特住宅』，为什么会与奈良时期的正仓院的造型惊人地相似？

京都国立近代美术馆主办的『日本的前卫』展览中的一部分内容，在柏林也展出了。这两个建筑的照片，在目录中并列，确实是非常相似！

简历

克劳斯·沃伯（Klans Weber，1953— ），包豪斯造型艺术馆研究员。详见258页。

出处

《X-Knowledge HOME》第8期，2002年8月，35页“克劳斯·沃伯访谈”/大野百合子

注释

阿道夫·迈耶：在包豪斯任教期间，与格罗皮乌斯一起共同设计“福克斯鞋厂”。

索马埃特住宅［上］／格罗皮乌斯与迈耶，正仓院［下］

音乐厅与日本建筑

约恩·伍重

当不同功能附加到建筑中时，将各种功能横向组织，还是纵向抑或斜向组织？怎样更好地结合是非常重要的。在这方面，我想我受到了日本『间取』的影响。（伍重）

日本的『间取』，是由简单的四方形组成的活动室、卧室、厨房、玄关等，同样的房间数量，整体形态也可以改变，而且房间的增加和减少都很方便。

推拉门、榻榻米、隔断等构件，均按一定的模数组合，而不需要其他的东西。榻榻米的数量决定着房间的大小。

我与我父亲都受到了日本传统建筑的很大影响。

简历

约恩·伍重（Jorn Utzon，1918—2008），丹麦建筑师，2003 年获普利兹克奖。详见 265 页。

出处

《X-Knowledge HOME》第 19 期，2003 年 9 月，51 页“约恩·伍重访谈”

悉尼歌剧院／约恩·伍重

日本建筑的雕塑性

野口勇

日本建筑确实有雕塑性的东西供人们鉴赏。

自然环境中寺院、神社的大屋顶，使伽蓝之内的空间成为圣域，大屋顶对没有建筑的空间有支配性的作用。伊势神宫像漂浮在水面上的大船，重要的是墙垣围合起来的并不是空地，而是空间。神圣的屋顶的功能直接对周边的空间起作用，整个建筑与大地紧密相连在一起。

简历

野口勇（Isamu Noguchi，1904—1988），雕塑家、艺术家。其父是日本人，母亲是美国人。详见255页。

出处

《X-Knowledge HOME》特辑第2期，2004年7月，87页“野口勇见到的日本建筑与园林”/伊藤从野口勇撰写的《日本建筑的根》一书（英文版）序言中摘译

建筑物与庭园的关系

野口勇

建筑物并不孤立地存在，而是同时与庭园空间结合在一起。庭园不仅与建筑物是一个整体，而且，其空间是相互贯通的。

出处

《X-Knowledge HOME》特辑第2期，2004年7月，87页“野口勇见到的日本建筑与园林”/伊藤从野口勇撰写的《日本建筑的根》一书（英文版）序言中摘译

野口勇热爱的父亲

矶崎新

不幸的是，野口勇所爱戴的父亲是『日本』。

实际上，他的父亲在抗拒他的这种爱，
能够接受他的只有石头，经过选择的、用于庭园之中的那些石头。
所以充满了悲哀。

野口勇怎么说呢？
『日本』啊，尽管如此，你也仍然是我的父亲。

简历

矶崎新（1931— ），建筑师，矶崎新工作室主持。
详见 255 页。

出处

《X-Knowledge HOME》特辑第 2 期，2004 年 7 月，84 页“野口勇与日本”

让人流泪的风景

罗伯特·文丘里

京都的日本园林，不仅是以人工再现自然，而且是超越简单的再现，人为地将自然浓缩，以象征性的手法去还原自然……真的会让人流泪啊！

简历

罗伯特·文丘里（Robert Venturi，1925—2018），美国建筑师。师从路易斯·康，倡导后现代主义。1991 年获普利兹克奖。详见 266 页。

出处

《X-Knowledge HOME》第 23 期，2004 年 1 月，68 页“我们与后现代主义有着非常复杂的关系”（访谈）/ 丰田启介

世上最好的地方

罗伯特·文丘里

我在日本会感受到兴奋，并陶醉其中。那里更多的是现代化的东西，然而，却是非常大众化的、充满了活力的、商业性的现代化。

如果去京都，就会看到那里传统的东西与洗练的要素混合在一起。要是问，人一生一定要去一次的地方是哪里？我的回答便是：京都的园林。那里是世界上最好的地方之一，肯定不会搞错的！

出处

《X-Knowledge HOME》第 23 期，2004 年 1 月，68 页“我们与后现代主义有着非常复杂的关系”（访谈）/ 丰田启介

附录　建筑师简历

青木淳（1956— ）

建筑师，曾经在矶崎新工作室工作。1991 年创设青木淳建筑规划事务所。从住宅、公共建筑开始，逐渐发展至包括美术展览、路易·威登等商业设施在内的多种设计方向。1997 年，作品“S”获吉冈奖，1999 年“泻博物馆”获日本建筑学会建筑作品奖。主要建筑作品有：“游水馆”“路易·威登表参道大楼”“路易·威登纽约”“青森县立美术馆”“U bis”等。主要著作有：《住宅论》《原野上的游园地》等。

阿尔瓦·阿尔托（Alvar Aalto，1898—1976）

北欧具有代表性的芬兰建筑师、城市规划师、设计师。阿尔托的出世之作“帕米欧结核病疗养院”，开启了北欧现代主义建筑的先河。其自身在强调建筑功能性的同时，始终坚持人性化。1957 年获英国皇家建筑师协会 RIBA 奖，1963 年获美国建筑师协会（AIA）金奖。主要建筑作品有：“玛利亚住宅”“夏之家”“赫尔辛基理工大学”“伏克塞涅斯卡教堂”“芬兰音乐厅”等。设计产品有玻璃制品、椅子等。

阿尔瓦罗·西扎（Alvaro Siza，1933— ）

葡萄牙具有代表性的建筑师，波尔多大学建筑学科教授。受柯布西耶和密斯的影响，继承了现代主义建筑的精华，关注建筑的地域性表达。1992 年获普利兹克奖，1998 年获高松宫殿下纪念世界文化奖（建筑部），2002 年获第 8 届国际建筑展金狮子奖。主要建筑作品有：“福尔诺斯教区中心教堂”“莱萨游泳馆”“阿瓦卢大学图书馆”“葡萄牙世界博览会葡萄牙馆”“加利西亚现代艺术中心”等。

安东尼奥·高迪（Antonin Gaudi，1852—1926）

西班牙具有代表性的建筑师。其建筑以优雅的生物曲线为特征。创作活动以巴塞罗那为中心，促进了卡达尔尼等地的新艺术运动（现代主义）。1900 年获第 1 届巴塞罗那建筑奖。主要建筑作品有：“圣家族大教堂”“库埃尔公园”“库埃尔住宅”“米拉公寓”等。许多建筑作品被联合国教科文组织确定为世界文化遗产。

安东尼·雷蒙德（Antonin Raymond，1888—1976）

出生于捷克的建筑师，师从赖特。1919年作为赖特设计东京“帝国饭店”的助手来到日本。1922年独立开设雷蒙德建筑设计事务所，在日本留下了许多现代主义的建筑作品。曾获日本建筑学会建筑作品奖、三等旭日中绶勋章等。主要建筑作品有：“《读者文摘》东京分社”“夏之家（现在的佩尼美术馆）”“灵南板自宅”“东京女子大学礼堂”“立教学院圣保罗教堂”等。

野口勇（Isamu Noguchi，1904—1988）

美国出生的雕塑家、艺术家、园林家，父亲是日本人。与帕克米斯特·布朗、路易斯·康等人经常交流，与丹下健三、北大路鲁山人、重森三玲、土门拳等日本建筑师、艺术家过从甚密。曾获1987年美国国民艺术勋章，1988年获日本三等瑞宝勋章等。主要设计作品有：“联合国教科文组织大厦园林设计”“曼哈顿银行的沈床园”、广岛的“和平大桥”“大阪世界博览会的喷泉”札幌的“沼泽公园”“昇”“野口勇的桌子”等。

石山修武（1944— ）

建筑师，早稻田大学教授。1984年“伊豆长八美术馆”获第10届吉田五十八奖，1995年“海岸艺术美术馆”获日本建筑学会建筑作品奖，1996年获第6届威尼斯双年展金狮奖。主要建筑作品有：“幻庵”“世田谷村”“广岛住宅”等。主要著作有：《Barrack净土》《关于住宅的思考——基于秋叶原的感觉》《为了生存的建筑》等。

矶崎新（1931— ）

建筑师，1963年设立矶崎新工作室，2019年获得普利兹克奖。主要建筑作品有：“大分县立大分图书馆”“群马县立近代美术馆”“洛杉矶现代美术馆”“陶瓷公园MINO”“山口信息艺术中心”“北京中央美术学院美术馆”等。主要著作有：《空间》《建筑的解体》《UNBUILT反建筑史》《建筑中的“日本东西”》《Any：围绕建筑与哲学的讲演1991—2008》（合编）等。

伊藤俊治（1953— ）

美术史学家，东京艺术大学教授。活跃在从摄影到美术史、建筑史、设计史、媒体论等广阔的领域之中。参与了国内外的各种展览、博览会的策划。长年在巴厘岛，从事古埃及发现的唐草文样的研究。1987年，其撰写的《透视图论》获三得利艺术奖。主要著作有：《20世纪摄影史》《20世纪印象考古学》《电子美术论》《20世纪的厄洛斯（爱神）》《唐草抄》等。

伊东丰雄（1941— ）

建筑师，曾在菊竹清训建筑设计事务所工作，1969年设立伊东丰雄建筑设计事务所。1986年“银色的小屋”获日本建筑学会建筑作品奖，1999 年“大馆树海棒球场”获日本艺术院奖，2002 年获第 8 届威尼斯双年展金狮奖，2003 年“仙台媒体中心”获日本建筑学会建筑作品奖，2006 年获英国皇家建筑师协会（RIBA）金奖，2010 年获朝日奖，2013 年获普利兹克奖。其他主要建筑作品有：“中野本町之家”“松本市民艺术馆”“TOD’S 表参道大厦”“多摩艺术大学图书馆”“座・高圆寺”“2009 高雄世运主场馆”等。主要著作有：《风的变样体》《透层建筑》等。

瓦尔特・格罗皮乌斯（Walter Gropius，1883—1969）

出生于德国的建筑师，与柯布西耶、密斯、赖特一起被誉为 20 世纪最著名的四位建筑大师。其在倍伦斯的建筑设计事务所与密斯相识之后，参加了德国工作联盟。此后，于 1919—1928 年出任包豪斯的第一任校长。1937 年借道英国渡美，就任哈佛大学教授，以美国为中心展开活动。1956 年获英国皇家建筑师协会（RIBA）金奖，1959 年获美国建筑师协会（AIA）金奖。主要建筑作品有：联合国教科文组织认定的世界文化遗产“包豪斯校舍”“马伊斯塔住宅”，此外还有“法古斯制鞋厂”“格罗皮乌斯自宅”等。主要著作有：《国际建筑》《迪沙的包豪斯建筑》等。

威廉・迈勒・奥利斯（William Merrell Vories，1880—1964）

出生于美国的建筑师。明治时代作为英语教师来到日本，设计了许多西洋建筑。作为实业家，在日本推广曼秀雷敦软膏（一种药）。主要建筑作品有：“旧神户联合教会”“关西学院西宫上原校区建筑群”“神户女子学院大学”“大丸百货公司新斋桥店”“山顶旅馆”“马凯西住宅”等。

内田青藏（1953— ）

建筑史学家，神奈川大学教授，从事有关日本近代建筑史、近代住宅与建筑保护利用等方面的研究。1994 年获日本建筑学会奖励奖，2004 年获日本生活学会今和次郎奖。主要论文有：《日本近代独立住宅的变迁过程与美国住宅的影响》。主要著作有：《日本的近代住宅》《屋敷参拜》《消失的现代东京》《住宅开间划分的乐趣》等。

MVRDV

1991 年，由温尼・马斯（1959— ）、雅可夫・温・赖斯（1964— ）和娜塔利・德・普利斯（1969— ）创建的荷兰建筑设计公司。从事与城市相关的大规模开发研究、概念设计等工作。主要建筑作品有：为老年人设计的 100 户集合住宅“俄克拉荷马 WOZOCO”“汉诺威世界博览会荷兰馆”“雪国农耕文化村中心”“Miratall”表参道的“GYRE”等。主要著作：《Metacity Datatown》《Costa Iberica》《KM3》等。

E. G. 艾斯普拉德（Erik Gunnar Asplund，1885—1940）

与阿尔托一同作为北欧具有代表性的瑞典建筑师。他是最早在北欧实践钢与玻璃的现代主义建筑先驱，但对功能主义持反对意见。花费 20 年以上精力设计的“森林墓地”，是 20 世纪以来第一个被联合国教科文组织确定的世界文化遗产。其他主要建筑作品有：“斯内曼住宅”“斯德歌尔摩市立图书馆”“国立细菌研究所”“夏之宅”等。

奥斯卡 · 尼迈耶（Oscar Niemeyer，1907—2012）

巴西具有代表性的建筑师，有多个作品被联合国教科文组织确定为世界文化遗产。其作品以将大胆的自由曲线应用于建筑而著称。1963 年获列宁国际和平奖，1970 年获美国建筑师协会（AIA）金奖，1988 年获普利兹克奖，1998 年获英国皇家建筑师协会（RIBA）金奖，2004 年获高松宫殿下纪念世界文化奖。主要建筑作品有：“联合国总部大楼”“巴西大总统府”“巴西国会大厦”“里约热内卢当代艺术馆”等。

加藤宏之（1944— ）

建筑师，加藤宏之建筑设计室代表。1968 年，从以个人住宅、周末住宅为中心的设计活动开始，赴美国对幼儿教育设施、商业设施的运营管理进行研究。回到日本后，在企业的开发部门从事策划、概念设计工作，在日本林业经营者协会、日本经营开发企业社团专门委员会兼任相应职务。从 1990 年开始，研究与自然共生的相关技术。1994 年以后，任日本国立音乐大学讲师，主讲建筑设计论课程，2010 年退休。1985 年，其一系列的商业设施照明规划获 Nashop 奖。主要建筑作品有：“海山幼儿园”“泷原幼儿园”“轻井泽商业中心”等。主要著作有：月刊《建筑文化》、季刊《亚洲论坛》等刊物上发表的多篇论文，以及参与建筑学会主编的《集合居住的智慧》一书。

菊竹清训（1928— ）

建筑师，曾在竹中工务店、村野 · 森建筑设计事务所工作，1953 年创设菊竹清训建筑设计事务所。2005 年独自举办日本国际博览会。1964 年以“出云大社厅舍”获日本建筑学会建筑作品奖和美国建筑师协会（AIA）泛太平洋奖，1978 年获国际建筑师协会（UIA）Awguste Perret 奖。主要建筑作品有：“天空住宅”“冲绳国际海洋博览会海上都市”“川崎市市民美术馆”“江户东京博物馆”“岛根县立美术馆”等。主要著作有：《代谢建筑论》《人的建筑》《建筑的精神》等。

鲸井勇（1949— ）

建筑师，国土馆大学、武藤野大学讲师。曾在末松设计事务所、小崎建筑设计事务所工作，后创立蓝设计室。主要以住宅为中心，同时从事公共设施、医疗设施、旅馆建筑的设计。追求与地域环境、风土相适应的特殊形式的设计。2008 年获日本建筑师协会 25 周年奖。主要建筑作

品有 :“傀儡草”“太子的民居”“红悠馆”“甘露芥末”等。

工藤国雄(1938—)

建筑师，哥伦比亚大学副教授，哥伦比亚大学日本先锋建筑研究本部部长。1970 年曾在路易斯·康建筑设计事务所工作，参与“孟加拉国会大厦”“金贝尔美术馆”的设计。从 1972 年开始，在名古屋工业大学任教 9 年之后，就职于 KPF、HLM 等大型设计公司。主要建筑作品有 :“Lighthouse 甲府支店”“大木町综合福利中心”“熊本济生会医院”等。主要著作有 :《策划论》《方法的美学》《建筑的三个魂》《我的路易斯·康》等。

隈研吾(1954—)

建筑师，东京大学教授。曾任哥伦比亚大学建筑与城市规划学科客座研究员，1990 年创立隈研吾建筑城市规划设计事务所。1997 年以“森舞台 / 登米町传统艺能传承馆”获日本建筑学会建筑作品奖，2001 年以“那珂川町马头广重美术馆”获村野藤吾奖，2009 年获英国皇家建筑师协会(RIBA)金奖。主要建筑作品有 :“石之美术馆”“三得利美术馆”“根津美术馆”等。主要著作有 :《十宅论》《建筑欲望的终结》《负建筑》等。

克劳斯·沃伯(Klaus Weber，1953—)

在布拉伊甫尔库大学、维也纳大学学习考古和美术史学。1984 年在卡塞尔美术馆工作，从 1986 年开始，到包豪斯造型艺术馆任研究员。针对包豪斯各个工作室的艺术作品，以及包豪斯前身魏马工艺美术学校的校长等建筑师进行研究著书。以策划包豪斯与日本为主题的展览而闻名日本。

CKR(Claesson Koivisto Rune)

从事建筑相关领域的设计组织，由毕业于瑞典国立工艺设计大学的蒙迪·克拉索恩(1970—)、埃罗·克文斯特(1958—)和乌拉·卢内(1960—)三人创立。活跃于建筑、室内设计、家具设计等多个领域，是颇受世界关注的设计组织。主要建筑作品有 :“柏林的瑞典大使馆”京都“SPHER 大楼”等。

香山寿夫(1937—)

建筑师，东京大学名誉教授。师从路易斯·康，1971 年创立香山寿夫环境造型研究所(现香山寿夫建筑研究所)。“彩之国艺术剧场”获 1995 年村野藤吾奖和 1996 年日本建筑学会建筑作品奖。2000 年“座川历史街道之馆”获公共建筑奖，2006 年“圣学院大学礼拜堂”获日本艺术院奖。主要建筑作品有 :“彩之国艺术剧场”“东京大学弥生讲堂一条堂”“可儿市文化创意中心”“函馆修道院旅人圣堂”等。主要著作有 :《城市再造住宅》《谁是路易斯·康》《人类为什么要建造建筑》《热爱建筑的人之十二章》等。

萨尔瓦多·达利（Salvador Dali，1904—1989）

西班牙艺术家，超现实主义代表性画家。自诩为天才，以各种奇闻轶事而广为人知。运用被人们称为“偏执狂”的方法，在写实的同时，在多重印象的驱使下，描绘梦境般的超现实世界。参与设计了展出他自己作品的达利美术馆。主要作品有 :“记忆的永恒”“圣安东尼的诱惑”“妄想症批判的城市郊外”“欧洲战争境界的午后”等。

铃木了二（1944— ）

建筑师，早稻田大学艺术学院院长。曾在竹中工务店、槙综合计画事务所工作，1977 年创立铃木了二建筑计画事务所。其著作中刊载的建筑作品均冠以“物质试行”之名，并附有不同的序列号以示区别。1997 年“物质试行 37——佐木岛项目”“物质试行 47——金刀此罗宫”获 2005 年村野藤吾奖与 2008 年日本艺术院奖。主要建筑作品有 :“物质试行 20——麻布 EDGE”“物质试行 33——成城山耕云寺”等。主要著作有:《物质试行 28——非建筑的考察》《建筑零年》等。

高山正实（1933— ）

建筑师，芝加哥建筑研究所代表。在伊里诺伊理工大学（IIT）时，师从密斯。曾任芝加哥 SOM 建筑事务所主任建筑师，参与过希尔斯大厦等超高层建筑的设计。在伊里诺伊理工大学、哈佛大学任过课。主要论文有 :《建筑中所体现的西欧与日本的文化价值观》等。主要著作有 :《追求真理的密斯·凡·德·罗》等。

田所辰之助（1962— ）

日本大学副教授。日本大学理工学部建筑学科毕业，日本大学理工学研究科博士课程毕业。1988—1989 年参与里布斯金主持的项目。主攻德国近代建筑史、建筑设计史论。主要著作有 :《近代的材料生产》《通过模型解读 20 世纪的空间设计》《威廉·莫里斯与德国工作联盟》《近代工艺美术运动与设计史》《建筑现代主义》《建筑师吉田铁郎的‘日本住宅’》（译著）等。

唐·西蒙斯（Dan Simmons，1948— ）

与斯蒂芬·金齐名的美国具有代表性的科幻小说家、恐怖小说家。此外，还发表过跨越多个领域的文艺作品。1990 年获秀库奖、卢卡斯奖。代表作有场面壮大的科幻叙事诗《海贝利欧四部曲》。

ZZ（Christoph Zeller and Marco Zurn）

由德国建筑师尤尼特与 1997 年还在柏林艺术大学建筑学科学习的克里斯特·泽拉和马尔科·泽

恩(二人均生于 1974 年)创立。从事多项以密斯建筑为主题的项目研究。主要研究项目与作品有:“白茧”“尤路·克莱库特”等。2001 年秋在日本期间,设计了“880.64——Yen”与“塞尔斯·斯利普住宅”。

塚本由晴(1965—)

建筑师，东京工业大学研究生院副教授，1992 年与贝岛桃代一起创建犬吠工作室。2010 年第 12 届威尼斯建筑双年展中，与西泽立卫一起被选为日本馆的参展建筑师。建筑作品“迷你住宅”获 1999 年东京建筑师会住宅建筑奖金奖和 2000 年吉冈奖。主要建筑作品有：“住宅与犬吠工作室”“马文迪住宅”“普·彭克西斯画廊”等。主要著作有：《更小的家》《走心的小住宅》《犬吠工作室：空间的回响与回响的空间》《Behaviorology》等。

丹尼斯·斯科特·布朗(Denis Scott Brown，1931—)

出生于赞比亚的美国建筑师、城市规划师。在英国建筑协会下设 AA school 学习建筑，1969 年与文丘里一起从事设计、写作活动。主要建筑作品有：“国际画廊”“日光雾降浴室”等。主要著作有：《建筑的多样性与矛盾性》(与文丘里合著)《向拉斯维加斯学习》(与文丘里合著)等。

托马斯·赫尔佐格(Thomas Herzog，1941—)

出生于德国的建筑师。1972 年在罗马大学以空气膜结构研究获博士学位，慕尼黑工业大学教授。他是最早从太阳能利用、新材料开发以及环境能源等问题出发来考虑建筑设计的建筑师。主要建筑作品有：“林茨的设计中心”“汉诺威世界博览会的象征大屋顶”“林茨的复合住宅”等。

内藤广(1950—)

建筑师，东京大学研究生院教授。师从吉阪隆正，曾在西班牙的伊开拉斯建筑事务所、菊竹清训建筑设计事务所工作，1981 年创立内藤广建筑设计事务所。1993 年“海之博物馆”获日本建筑学会建筑作品奖、吉田五十八奖,2006 年“岛根县艺术文化中心”获国际建筑奖。主要作品有:“安昙野美术馆”“牧野富太郎纪念馆”“日向市车站”“高知车站”“虎屋京都店”等。主要著作有:《素形的建筑》《向着建筑的原点》《建筑的思考》《结构设计讲义》《建筑的能力》等。

中山繁信(1942—)

建筑师，工学院大学教授，日本大学讲师。师从宫胁檀，曾担任工学院大学建筑学科伊藤郑尔研究室助手，1976 年创立中山繁信设计室(现 T.E.S.S 计画研究所)。1980 年“桔 + 绿”获商业空间设计奖，1984 年“四谷见附派出所”获东京都设计者选定委员会设计竞赛优秀奖。主要建筑作品有：“川治温泉车站”“砦井白屋”等。主要著作有：《宫胁檀的住宅设计——从策划到细部》《世界住宅探险——没有建筑师的日本住宅巡礼》等。

难波和彦（1947— ）

建筑师，东京大学名誉教授。1997 年创立界工作舍（现难波和彦 + 界工作舍）。1995 年以“箱之家Ⅰ”获吉冈奖、东京建筑士会住宅建筑奖、东京建筑奖。1998 年“箱之家 17”再获东京建筑师会住宅建筑奖。主要建筑作品有：“箱之家系列”“田上町立竹之友幼儿园”“直岛町民体育馆”等。主要著作有：《战后现代主义建筑的北极　池边阳试论》《希望住在箱之家》《箱的结构》《东京大学建筑学科难波研究室活动记录》《建筑之理——难波和彦的技术与历史》等。

野泽正光（1944— ）

建筑师，武藏野美术大学客座教授，东京艺术大学、横滨国立大学兼职讲师。曾在大高建筑设计事务所工作，1974 年创立野泽正光建筑工房。“阿品土谷医院”获 1990 年节能建筑建设大臣奖和 1991 年医院建筑奖、空调学会奖，“岩村绘本的美术馆”获 1998 年七叶树建筑奖、2000 年木材活用演示最优秀奖、林野厅长官奖、2001 年日本建筑师协会环境建筑奖一般建筑部分最优秀奖、2007 年木构建筑奖等。主要建筑作品有：“相模原的住宅”“木结构多米诺住宅”“立川市政厅新馆”（与山下设计合作）等。主要著作有：《被动式住宅是零能耗住宅》《与地球一起生长的家》《团地再生》《住宅是由骨与皮和机器制造的》等。

保罗 · 索莱里（Paolo Soleri，1919— ）

出生于意大利的建筑师。1947 年赴美国，师从赖特，在西塔里埃森渡过了 18 个月后，返回意大利。1955 年再次赴美国，1956 年创立堪塞迪财团，倡导建筑与生态融合。1970 年在亚利桑那州的沙漠中，推进自己设计的生态建筑综合体计划。

巴克敏斯特 · 富勒（Buckminster Fuller，1895—1983）

美国建筑师，结构专家。一直在探索人类生存的多种可能方法，其创想的“宇宙船地球号”“会飞的房子”等广为人知。在建筑设计方面，发明了“富勒球”“曼哈顿穹顶”“dymaxion 地图”“dymaxion 住宅”等。1968 年获英国皇家建筑师协会（RIBA）金奖，1970 年获美国建筑师协会（AIA）金奖。主要著作有：《宇宙生态学——富勒的直观与美》《宇宙船地球号》等。

哈迪 · 泰赫拉尼（Hadi Teherani，1956— ）

在德国出生的建筑师。于布莱恩瓦库工科大学建筑学科毕业后，与同窗伊斯 · 彭迪和卡依 · 利比特一起创立 BRT 建筑设计事务所，从事住宅与公共建筑等设计活动。1999 年以“德贝尔 ×× 办公楼”闻名于德国建筑界。其他主要建筑作品还有：“法兰克福机场 ICE 车站”“柏林蛇形画廊”等。

原广司（1936— ）

建筑师，东京大学名誉教授。从 20 世纪 70 年代开始，对世界各地的民居聚落进行调查，同时创立原广司建筑研究所，从事建筑设计活动。1986 年“田崎美术馆”获日本建筑学会建筑作品奖，1988 年“大和国际”获村野藤吾奖，同年《空间——从功能到形式》获三得利学艺奖。主要建筑作品有:“内子町立大濑中学”“新梅田城”“JR 京都车站”“札幌棒球馆”等。主要著作有:《建筑有哪些可能》《住宅集合论 Ⅰ – Ⅴ》《聚落之旅》《DISCRETE CITY》《YET HIROSHI HARA》等。

汉斯·霍莱因（Hans Hollein，1934— ）

奥地利具有代表性的建筑师。于维也纳美术学院建筑学科毕业后赴美，在伊里诺伊理工大学建筑学科、加利福尼亚大学环境设计研究生院毕业。1965—1970 年在维也纳的建筑杂志《BAU》任主编。1979 年以后，任维也纳工艺学校建筑学科教授，同时兼任各国大学的客座教授。1966 及 1984 年获雷诺兹纪念奖，1985 年获普利兹克奖。主要建筑作品有:“巴斯住宅”“莱迪蜡烛店”“哈斯大厦”“门埃普拉特哈帕市立美术馆”等。

藤森照信（1946— ）

建筑史学家、建筑师，工学院大学教授，东京大学名誉教授。1980 年学术论文“明治时期城市规划史研究”获日本城市规划学会论文奖，1986 年《建筑侦探的冒险——东京篇》获三得利学艺奖，1997 年“尼拉住宅”获日本艺术大奖，1998 年“日本近代城市 · 建筑史研究”等一系列的论文获日本建筑学会论文奖，2001 年“熊本县立农业大学学生宿舍”获日本建筑学会建筑作品奖。担任 2006 年威尼斯双年展第 10 届国际建筑展日本馆策划人。主要建筑作品有 :“高过庵”“养老昆虫馆”“拉姆内温泉馆”“烧杉住宅”“ROOF HOUSE”等。主要著作有 :《明治的东京规划》《昭和住宅物语》《日本近代建筑（上、下）》等。

弗兰克·劳埃德·赖特（Frank Lloyd Wright，1867—1959）

20 世纪建筑界三大巨匠之一，美国具有代表性的建筑师。对自然中存在的形态，以及日本建筑均有深刻的理解，倡导融入周围自然环境的“有机建筑”。被誉为世界上设计小住宅最多的建筑师。早期的作品强调水平线，采用平缓的坡屋顶，被称为“草原住宅”。晚期关注于具有地域特征的低造价住宅，提出“小板结构住宅”设计方案。1910 年在德国出版的赖特作品集，对德·斯泰勒、包豪斯等的现代主义建筑运动产生了一定的影响。1941 年获英国皇家建筑师协会（RIBA）金奖，1949 年获美国建筑师协会（AIA）金奖。主要建筑作品有 :“罗比住宅”“帝国饭店”“落水别墅”“西塔里埃森”“约翰逊公司办公楼及研发楼”“古根海姆美术馆”等。

F. 汉德尔特瓦萨（Friedensreich Hundertwasser，1928—2000）

奥地利画家，建筑思想家。倡导环境保护，并在世界各地演讲。在维也纳设计了市营集合住宅与垃圾处理厂等环境保护建筑，对世界进行批判。持“自然界中不存在直线”的理念，以在各种场所中采用曲线和强烈的色彩为特征。1981年获奥地利国家大奖。主要建筑作品有：“罗塞塔尔陶器工场”“布尔·马温泉疗养村”等。

古谷诚章（1955— ）

建筑师，早稻田大学教授，日本女子大学研究生院讲师，韩国庆熙大学客座教授。1986—1987年作为文化厅艺术家外派研究员在瑞士建筑师博塔事务所工作，1994年与八木佐千子一起创立NASCA。1991年以“狐城之家”获吉冈奖，1999年以“诗与童话绘本馆”获日本建筑师协会新人奖，“早稻田大学会津八一纪念博物馆”获日本建筑学会建筑作品奖，2007年“茅野市美术馆”获日本建筑师协会奖。主要建筑作品有：“神流町中里合同厅舍”“香北町立纪念馆”“谷间日钟表之家”“Campus Cafe”等。主要著作有：《Shuffled》《窗的思想》等。

布鲁斯·莫（Bruce Mau，1959— ）

出生于加拿大的设计师，Institute without Boundaries（IWB）创建人。他超越平面设计的范畴，从事城市规划、出版等多种设计活动。参与雷姆·库哈斯、弗兰克·盖里等建筑师的设计项目，Knoll，MoMA 的家具设计等。主要著作有：《S,M,L,XL》（与库哈斯合著）、《Life Style》《Massive Change》等。

赫尔佐格与德梅隆（Herzog & de Meuron）

赫尔佐格与德梅隆都生于1950年，两人共同在瑞士开设建筑设计事务所。以石头、玻璃、混凝土、金属等材料，采用并置的设计手法用于建筑表皮。2000年因将旧发电厂改造成美术馆而受到瞩目，2001年获普利兹克奖，2007年获英国皇家建筑师协会（RIBA）金奖、高松宫殿下纪念世界文化奖（建筑部门）。主要建筑作品有：“美国加州葡萄酒庄”“伦敦泰特现代美术馆”“中国国家体育场”等。

堀部安嗣（1967— ）

建筑师，京都造型艺术大学研究生院教授。在益子工作室时师从益子义弘。1994年创立堀部安嗣建筑设计事务所。作为住宅建筑师受到好评。2002年以“牛久画廊”获吉冈奖。主要建筑作品有：“逗子的家”“玉川田原调布共同住宅”“樱山住宅”“镰仓山之家”“武藏关之家”等。主要著作有:《memento mori》《时之居场所》《静寂之音》等。策划了名为“织细”的日本建筑展。

玛利·尼米拉斯（Marie Neumullers）

曾在费拉伊普尔库大学、汉堡大学学习文学、美术史、历史、哲学及政治学。在伦敦和汉堡的建筑设计事务所工作期间，撰写了多部有关设计与建筑方面的书籍。1995 年担任包豪斯财团的研究员，2000—2002 年兼任该财团宣传室主任。现在，从事以普拉毕特作品中构筑的巨大城市为对象的研究。

森川嘉一郎（1971— ）

明治大学国际日本学部副教授，早稻田大学研究生院毕业（建筑学）。2004 年威尼斯双年展第 9 届国际建筑展日本馆的策划人，策划了“人格・空间・城市”展（获日本 SF 大会星云奖）。2008 年以后，在明治大学从事“东京国际漫画图书馆”的准备，以及米泽嘉博纪念图书馆的运营工作。主要著作有：《趣都的诞生》等。

八束初（1948— ）

建筑师，芝浦工业大学教授。东京大学毕业，是丹下健三的关门弟子。曾在矶崎新工作室工作，后创立 UPM（Urban Project Machine）。从事有关俄罗斯建筑史方面的研究，以及亚洲现代集合住宅的实地调研工作。1994 年获尤尼欧造型文化财团设计奖。主要建筑作品有：“白石媒体中心”“文教大学体育馆”“美里町文化交流中心”等。主要著作有：《勒・柯布西耶》《俄罗斯建筑》《密斯的神话》《日本近代建筑的思想》等。

吉阪隆正（1917—1980）

建筑师,“二战”后第一批政府资助的赴法留学生。1950—1952 年在柯布西耶工作室工作。回国后，1953 年在早稻田大学设立吉阪研究室(U 研究室),展开设计活动。后任早稻田大学理工学部部长，日本建筑学会会长。作为登山家、探险家担任日本山岳会理事及早稻田大学 1960 年阿拉斯加远征队队长。1957 年“威尼斯双年展日本馆”获艺术选奖，1963 年“法国的雅典”获日本建筑学会建筑作品奖。主要建筑作品有:“浦邸”“大学研究 HOUS”等,主要著作有:《居住学泛论》《环境与造型》《告示录》等。

约恩・伍重（Jorn Utzon，1918—2008）

出生于丹麦的建筑师。在哥本哈根艺术学院附属建筑学院学习建筑之后，对世界各地的传统建筑手法进行研习。1948 年与柯布西耶会面，1949 年到赖特的“西塔里埃森”和“东塔里埃森”游学，同时与密斯会晤。1978 年获英国皇家建筑师协会（RIBA）金奖，2003 年获普利兹克奖。

主要建筑作品有：联合国教科文组织确认的世界文化遗产“悉尼歌剧院”“行星公共住宅”“麦利银行迪埃拉大学分店”“布格斯德教堂”等。

L. M. 纳吉（Laszlo Moholy-Nagy，1895—1946）

出生于匈牙利的摄影师、电影作家、艺术家、教育家，是对后世的视觉造型艺术有很大影响的人。1923—1928 年，应格罗皮乌斯之邀在包豪斯任教，以实践性、前卫性新兴摄影旗手而著称于世。1937 年到美国的芝加哥设立“新包豪斯”，对美国的设计教育产生了较大的影响。主要著作有：《绘画・摄影・电影》《从材料看建筑》等。

理查德・波菲尔（Ricardo Bofill，1939— ）

出生于西班牙的建筑师。1963 年成立容纳了建筑师、工程师、作家、数学家、摄影师、哲学家、经济学家、社会学家等多种专业人才在内的工作室。主要建筑作品有：“加泰罗尼亚歌剧场”“巴塞罗那机场”“明治生命青山 Parago”“东京银座资生堂大厦”等。

勒・柯布西耶（Le Corbusier，1887—1965）

出生于瑞士的建筑师、城市规划师、画家。20 世纪建筑界三大巨匠之一，以巴黎为中心展开建筑活动。“住宅是居住的机器”“现代建筑的五项原则”是其建筑思想的代表。1953 年获英国皇家建筑师协会（RIBA）金奖，1961 年获美国建筑师协会（AIA）金奖。主要建筑作品有：“萨伏伊别墅”“马塞公寓”“朗香教堂”等。主要家具作品有：“LC 系列”，主要著作有：《东方之旅》《光辉城市》等。

路易斯・康（Louis Kahn，1901—1974）

美国建筑师、城市规划师，是继柯布西耶、密斯、赖特之后的著名建筑师。他是以清水混凝土形成具有雕塑感的“粗野主义”建筑的代表性人物。与路易斯・巴拉甘私交很深，与野口勇有许多合作，培育了皮亚诺、文丘里、博塔等建筑师。1965 年获丹麦建筑师协会奖，1971 年获美国建筑师协会（AIA）金奖，1972 年获英国皇家建筑师协会（RIBA）金奖。主要建筑作品有：“耶鲁大学艺术馆”“宾夕法尼亚大学理查德医学研究大楼”“萨尔克生物研究所”“金贝尔美术馆”等。

路易斯・巴拉甘（Luis Barragan，1902—1988）

墨西哥具有代表性的建筑师。以白色为基调的简洁几何学的现代建筑与水面、光影和鲜艳亮丽的色彩组合，应用于住宅及庭院设计之中。自 1925 年用了两年的时间，在西班牙、摩洛哥、法国等地旅行，深受地中海文化的影响。1931 年到法国听柯布西耶的讲座，倾心于现代建筑。1980 年获普利兹克奖。主要建筑作品有：联合国教科组织确定的世界文化遗产“路易斯・巴拉甘宅邸及工作室”“露斯・阿曼迪斯的喷泉”“塞迪拉特塔”“比拉尔迪住宅”等。

密斯·凡·德·罗（Mies van der Rohe，1886—1969）

出生于德国的建筑师，20 世纪建筑界三大巨匠之一。包豪斯最后一任校长，第二次世界大战后到美国，其名言“少就是多”被广为传颂。1959 年获英国皇家建筑师协会（RIBA）金奖，1960 年获美国建筑师协会（AIA）金奖。主要建筑作品有：“巴塞罗那世界博览会德国展览馆”“范斯沃斯住宅”“西格拉姆大厦”“柏林国立美术馆新馆”等。主要家具作品有：“MR 系列”等。

雷姆·库哈斯（Rem Koolhaas，1944— ）

出生于荷兰的建筑师，建筑设计事务所 OMA（Office for Metropolitan Architecture）及智库 AMO 的主持人，哈佛大学教授。早期曾从事新闻撰稿人的工作，后在英国 AA school 学习建筑。2000 年获普利兹克奖，2004 年获英国皇家建筑师协会（RIBA）金奖，2003 年获高松宫殿下纪念世界文化奖（建筑部门）。主要建筑作品有：“柏林荷兰大使馆”“荷兰 EPI 中心”“西雅图中央图书馆”“北京中央电视台大楼”等。主要著作：《癫狂的纽约》《S,M,L,XL》（与布鲁斯·莫合著）等。

罗伯特·文丘里（Robert Venturi，1925—2018）

美国建筑师，师从莎利文和路易斯·康。1969 年与丹尼斯·斯科特·布朗一起创立设计事务所，从事建筑设计活动。主要著作《建筑的复杂性与矛盾性》《向拉斯维加斯学习》（与布朗合著）等，对现代主义建筑进行批判，倡导后现代主义。针对密斯的名言“Less is more”，指出“Less is bore”。1991 年获普利兹克奖。主要建筑作品有：“母亲之家”“同业会住宅”“日光霜降温泉”等。

著作权合同登记图字：01－2013－8028号

图书在版编目（CIP）数据

建筑师如是说／日本无限知识《住宅》编辑部编；
覃力译．-- 北京：中国建筑工业出版社，2021.4
ISBN 978-7-112-25684-6

Ⅰ．①建… Ⅱ．①日… ②覃… Ⅲ．①建筑科学
Ⅳ．①TU

中国版本图书馆 CIP 数据核字(2020)第 241487 号

KENCHIKUKA NO KOTOBA

责任编辑　李　婧　刘文昕　陈夕涛
书籍设计　瀚清堂 张悟静
责任校对　姜小莲

建筑师如是说
［日］无限知识《住宅》编辑部 编／覃力 译

中国建筑工业出版社出版、发行（北京海淀三里河路9号）
各地新华书店、建筑书店经销
南京瀚清堂设计有限公司制版
北京富诚彩色印刷有限公司印刷

开本：787毫米×1092 毫米　1/32　印张：8 3/8　字数：400千字
2021年8月第一版　2021年8月第一次印刷
定价：48.00元
ISBN 978-7-112-25684-6
（36434）